Das große Buch der

ANGEL TECHNIKEN

Zu diesem Buch:

Das vorliegende Handbuch bietet eine umfassende Darstellung verschiedenster Angeltechniken und -montagen. Es beschränkt sich nicht auf deutsche Angelmethoden, sondern wagt auch den Blick ins europäische, vor allem französische, Ausland. Einige hier vorgestellte Angelmethoden sind in Deutschland generell verboten, dazu zählt vor allem das Angeln mit lebenden Köderfischen. Bitte erkundigen Sie sich stets vor Ort über die rechtlichen Bestimmungen und beachten Sie die entsprechenden Hinweise im Text.

Originaltitel: »Toutes les techniques de pêche«

Übersetzung aus dem Französischen:
Markus Winter für GAIA Text, München
Redaktion und Satz:
GAIA Text, München

Projektleitung: Dorit Esser
Herstellungsleitung: Detlev Schaper
Herstellungsassistenz: Ursula Schümer
Druck und Bindung: Mateu Cromo Artes Gráficas, Madrid
Printed in Spain

ISBN 3-8290-1731-6
10 9 8 7 6 5 4 3 2 1

Das große Buch der

ANGEL TECHNIKEN

Pascal Durantel

KÖNEMANN

Inhalt

Die Salmoniden

Die Bachforelle

Das Schuppenkleid der Bachforellen fällt, je nach Biotop, so unterschiedlich aus, daß man meinen könnte, es gäbe unzählige Bachforellenarten. Dabei gibt es nur wenige Unterarten der Bachforelle: ***die Meerforelle* (Salmo trutta trutta), *die Seeforelle* (Salmo trutta lacustris)** *oder* ***die Mittelmeerforelle* (Salmo trutta macrostigma). *Die Bachforelle* (Salmo trutta fario)** *zeichnet sich, wie alle Salmoniden, durch eine unterentwickelte Flosse aus, die Fettflosse. Das weit gespaltene Maul weist auf ein recht räuberisches Dasein hin. Die stromlinienförmige Silhouette und die Kraft in den Flossen verstärken diesen Eindruck. Typisch ist, daß Kiemendeckel und Flanken mit dunklen Tupfen übersät sind. Bachforellen sind in vielerlei Gewässern zu Hause – Seen, Flüsse, Weiher, Bergbäche – vorausgesetzt, das Wasser übersteigt im Sommer nie 20 °C.*

Das ultraleichte Fischen

Das ultraleichte Fischen ist auch heute noch eine recht unbekannte Angelegenheit, obwohl diese Vorgehensweise zu den effektivsten überhaupt zählt. Grundvoraussetzung ist jedoch viel Übung. Das liegt daran, daß der Angler in erster Linie an zugewachsenen Waldbächen unterwegs ist. An solch hindernisreichen Gewässern wird er zum Pirschjäger, der seine Opfer inmitten der Unterstände aufspürt. Hänger, der Verlust von Fischen und sogenannte Schneidertage gehören jedoch, leider, zum Alltag.

Der Spinner

Zum Einsatz kommen kleine Spinner der Größen 0 und 1. Die Grundfarben sind silber und gold, auf die noch rote oder schwarze Punkte kommen können. In sehr klaren Gewässern ist schwarz immer eine gute Wahl. Im Sommer, wenn die Fische oberflächennah auf Nahrungssuche sind, kann eine kleine Palmerfliege am Haken den Unterschied machen.

▼▲ Verschiedene, für das ultraleichte Spinnfischen geeignete Spinner. An zwei davon hängen zusätzlich noch Weichplastikköder.

Der Unterhandwurf

Ganz logisch ist, daß ein Teil des Erfolges von der Wurfgenauigkeit abhängt. Es geht darum, die schwierigsten und hindernisreichsten Unterstände so systematisch wie möglich abzusuchen. Hierzu bleibt Ihnen lediglich eine einzige Wurftechnik, der Unterhandwurf. Nur mit seiner Hilfe lassen sich die winzigen Spinner in wenigen Zentimetern Freiwasser plazieren. Zunächst lassen Sie den Köder etwa 50 cm außerhalb des Spitzenringes baumeln, wobei diese Länge individuell immer ein wenig unterschiedlich ausfällt und zur Rute passen muß. In der ersten Phase des Wurfes geht es darum, das Spitzenteil der Rute aufzuladen. Einem Pendel gleich baumelt der Köder vor und zurück. Nun kommt es auf den richtigen Augenblick an: Das Spitzenteil krümmt sich beim Rückwärtsbaumeln des Köders ein wenig durch und hilft so, ihn beim Vorwärtsbaumeln in Richtung der anvisierten Stelle zu schleudern, wobei der Zeigefinger im richtigen Moment (wenn die Schnur parallel zur Oberfläche steht) die Schnur freigeben muß. Bei dieser Wurftechnik ist jeglicher Koordinationsfehler im Ablauf fatal. Gibt man die Schnur zu spät frei, fliegt der Köder hoch in die Luft, zu früh, dann klatscht er kurz vor den Füßen ins Wasser. Koordiniertes Vorgehen ist deshalb unerläßlich, mit ein wenig Übung kein Problem.

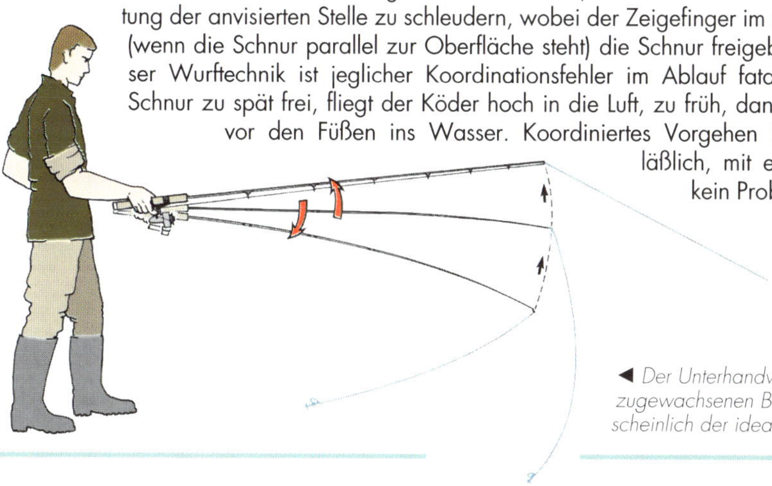

◄ *Der Unterhandwurf ist an stark zugewachsenen Bächen wahrscheinlich der ideale Wurf.*

Der Löffel

Diese zu Unrecht verkannten Kunstköder eignen sich vorzüglich zum Befischen starker und tiefer Strömungen. Löffel sind dann angesagt, wenn Spinner zu stark »ziehen« und zu hoch fischen.

Kleiner Löffel. ▲

Der Streamer

Verweigern die Fische voluminöse Köder, dann kann ein am Ufer entlanggeführter Streamer mit einem kleinen, davorgeschalteten Propeller vielleicht noch einige Bisse provozieren.

Dieser Streamer imitiert sowohl einen Kleinfisch, als auch eine Garnele. Mit einem davorgeschalteten Propeller wird er fängiger. ▲

Die Grille

Äußerst fängig in den Sommermonaten sind Grillen. Im Juni, bevor die Heuschrecken in Massen da sind, sind sie der Köder Nr. 1.

Grille, im Rücken gehakt. ►

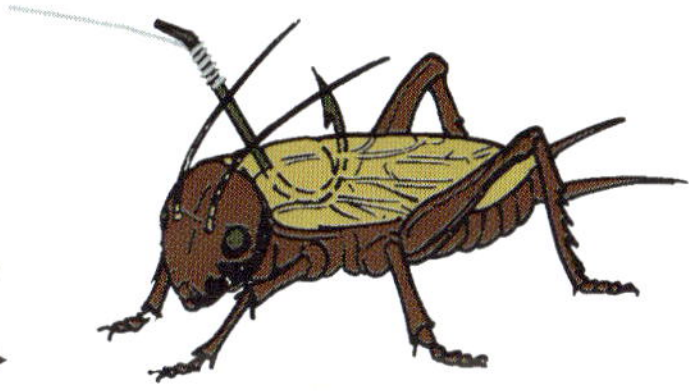

Die Heuschrecke

Ab Juli und den ganzen August hindurch sind an Wiesenbächen Heuschrecken wahrscheinlich die besten Köder, ganz unabhängig von der Tageszeit. Ein kleines Spaltblei unmittelbar über dem Haken erleichtert das Auswerfen.

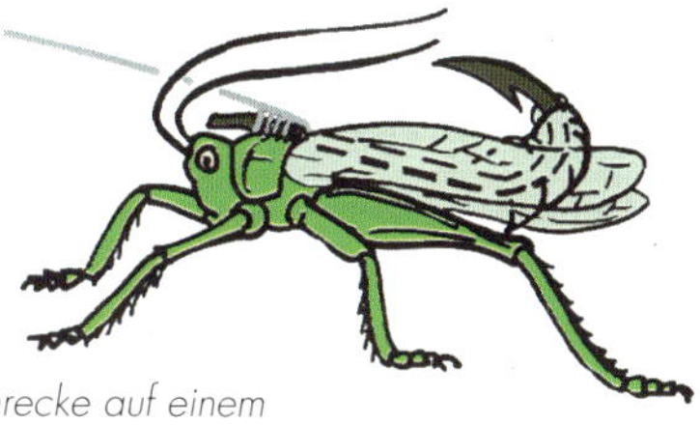

Heuschrecke auf einem Einzelhaken der Gr. 6–8. ▲

DIE ANGELPRAXIS

◄ *An hochgelegenen Bergbächen ist der Bewuchs spärlich – entsprechend ist Diskretion seitens des Anglers unerläßlich.*

Das ultraleichte Fischen verlangt dem Angler besonders an stark zugewachsenen Bächen in hohem Maß ein Gefühl für das Wasser und eine genaue Kenntnis der Unterstände ab. Es wird viel auf Sicht und sehr punktgenau gefischt: Stromab von Hindernissen, entlang unterspülter Uferpartien, an Wurzelwerk und in schattigen Abschnitten. Die Präzision der Würfe ist einer der Schlüssel zum Erfolg, ebenso, wie eine diskrete Vorgehensweise. Trotz der dünnen Schnurdurchmesser sollte unbedingt recht hart gedrillt werden, denn ein kurzer Drill bietet dem Fisch weniger Gelegenheit, sich in irgendwelche Hindernisse zu flüchten!

Die Schnake

Diese Insekten verbringen ihren ersten Lebensabschnitt im Wasser und schlüpfen von Juni bis September. Ein bei den Forellen sehr begehrter Happen.

Spezialisten fischen an hochgelegenen Wiesenbächen gerne mit Schnaken, die sie mit Hilfe einer langen Stipprute auf der Wasseroberfläche »tippen«. ►

Die Stubenfliege

Wie schwarze Stubenfliegen sind auch jene grünlich schimmernden geeignet, die in der Nähe von Kuhfladen umherschwirren. Im Sommer ein unersetzlicher Köder, der auch dann noch fängt, wenn alle anderen Köder versagen.

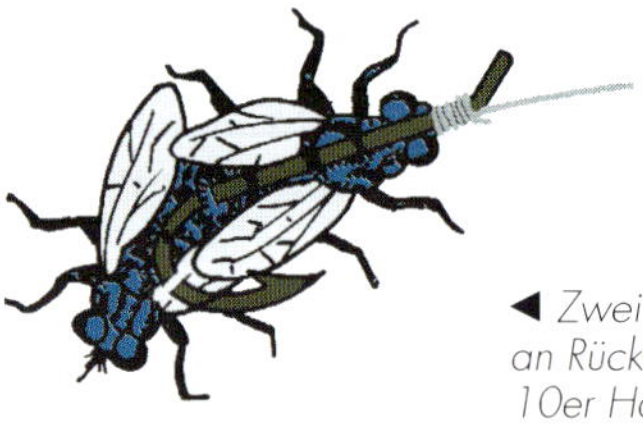

◄ *Zwei Fliegen, Rücken an Rücken auf einen 10er Haken gezogen.*

Das Laubwurmbündel

Zu jeder Saison ein ausgezeichneter Köder, sobald das Wasser angetrübt ist.

Zwei Laubwürmer an einem 6er oder 8er Einzelhaken. ▲

Für das ultraleichte Fischen sind die Mitchell-Rollen 308 und 408 zu Klassikern geworden. ►

DAS GERÄT

Sehr spezifisch und zwangsläufig von bester Qualität: Rute mit durchgehender Aktion und Rückgrat von 2–2,1 m Länge, robuste Rolle mit weiter Spule, die mit 100 m Nylonschnur von 0,12–0,14 mm gefüllt wurde.

DAS TASTFISCHEN

Beim Tastfischen geht es darum, einen Naturköder so natürlich wie möglich mit der Strömung treiben zu lassen. Erfahrung macht diese Technik ungemein subtil und fängig. Der Handel bietet hierzu eine Vielzahl geeigneter Ruten an, die lang und sensibel sein müssen. Modelle mit Innenschnurführung sind gleichermaßen geeignet, ebenso einige Matchruten.

Die Montage

Ganz wesentlich für ein natürlich wirkendes Treiben des Köders ist die Bebleiung. Unter den italienischen und französischen Experten dieser Technik setzt sich immer mehr eine auf Hauptschnur und Vorfach angebrachte Bebleiung aus Spaltbleien durch, deren Durchmesser zum Haken hin kontinuierlich abnimmt. Die Schnur selbst ist immer dünn (0,12–0,14 mm) und der Haken klein.

Die Heptageniidae

Alle Larven aus der großen Familie der Eintagsfliegen sind eine begehrte Beute in der Fischwelt. Diese Insekten leben unter Steinen versteckt, in sauerstoffreichen, sauberen Gewässern. Durch Umdrehen der Steine ist das Sammeln eine recht problemlose Angelegenheit – die Larven verfangen sich dann in einem stromab gehaltenen Netz. Für die zarten Gebilde sind sehr dünndrähtige, langschenklige Haken der Gr. 16 erforderlich.

▲ *Eintagsfliegenlarve der Gattung* Heptagenia.

Die Maifliegenlarve

Die Larven der großen Maifliegen sind bei allen Fischen begehrt, nur selten bleiben Forellen ihnen gegenüber indifferent. Am besten beködert man sie paarweise an einem dünndrähtigen 14er oder 16er Einzelhaken durch die Schwanzsegmente.

Larve der großen Maifliege, gut erkennbar an ihrem zylinderförmigen Körper. ▶

Der Bachflohkrebs

Der kleine Wasserkrebs ernährt sich von Plankton. Auf dem Speiseplan der Forellen hat er einen festen Platz. Fische, die sich von diesen Krebsen ernähren, bekommen orangerotes Fleisch und werden vielerorts als Lachsforellen bezeichnet. Diese Färbung entsteht durch die ständige Aufnahme von Karotin, das sich durch die Planktonaufnahme in den Krebsen gesammelt hat. Bachflohkrebse bietet man wie Eintagsfliegenlarven an einem 16er Haken an.

Bachflohkrebse stehen auf dem Speiseplan der Forelle. ▶

DIE ANGELPRAXIS

Zum erfolgreichen Tastfischen sind am Wasser nicht nur ultrafeine Montagen erforderlich. Ganz wesentlich ist auch, den Köder beim Abdriften mit der Rute zu begleiten. Ziel ist eine möglichst naturgetreue Präsentation, d. h., der Köder muß in der geeigneten Tiefe mit der richtigen Geschwindigkeit dahintreiben, geradeso, wie es mit einer echten Larve der Fall wäre. Um das zu erreichen, muß der Angler in der Lage sein, die Strömung zu »lesen«, damit er seinen Köder in die richtige Strömungsader setzt, jene, die den Köder möglichst nah am anvisierten Unterstand vorbeiträgt. Beim geringsten Verdacht – der Köder stoppt, es ruckelt in der Schnur u. ä. – erfolgt stets ein Anhieb. Ein solches Vorgehen läßt den Haken im vorderen Maulbereich greifen und beugt unnötigen Verletzungen vor.

◀ *Dieser Tastfischer hält vorsichtig einen Sicherheitsabstand zum Wasser ein.*

Die Köcherfliege

Zahlreiche Trichopteren leben im Larvenstadium in einer Schutzhülle, dem Köcher. Das adulte Insekt verfügt über große, dachartig zusammengefaltete Flügel und wird von den Fliegenfischern als »Sedge« bezeichnet. Köcherfliegen machen einen wesentlichen Bestandteil der Forellennahrung aus. Es sind hervorragende Köder, die an dünndrähtigen Einzelhaken der Gr. 12 oder 14 gefischt werden.

▲ *Köcherfliegenlarve in der Schutzhülle.*

Die Angelraupe

Diese Larve ist die Raupe einer kleinen Schmetterlingsart *(Galleria melonnulla)*. Das ganze Jahr über erweist sie sich als guter Köder, der der Länge nach auf einen 10er oder 12er Einzelhaken gezogen wird.

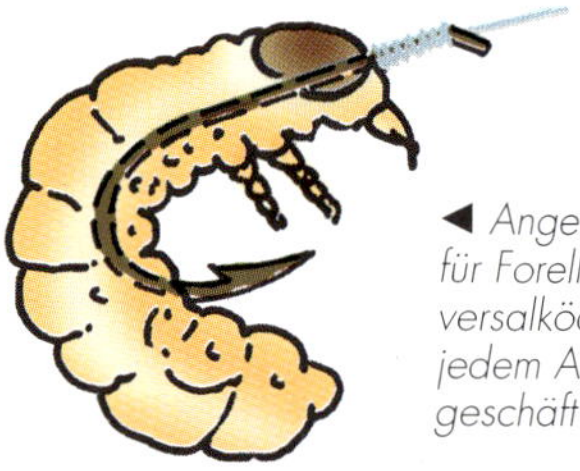

◀ *Angelraupen sind für Forellen ein Universalköder und in jedem Angelgeschäft erhältlich.*

Die Bienenlarve

Dieser hierzulande völlig unbekannte Köder ist die Geheimwaffe einiger korsischer Forellenexperten, die die Larven wildlebender Bienenvölker einsammeln. Was finden die Forellen an diesem Köder? Die Antwort darauf kennt niemand. Tatsache aber ist, daß diese Larven viel fängiger als Angelraupen sind.

Ein hierzulande noch unbekannter Köder: Bienenlarven! ▶

DIE TROCKENFLIEGE

Diese Königsdisziplin in der Fischerei ist letztendlich weitaus einfacher zu erlernen, als es den Anschein hat. Wesentlich ist, daß Sie auf Zweierlei besonders Rücksicht nehmen: Ein diskretes Aufsetzen der Fliege nach dem Wurf und eine makellose Abdrift. Theoretisch kann die Fliegenrute die ganze Saison zum Einsatz kommen, auch im März, wenn vielerorts die Forellensaison losgeht. Wichtig ist bloß, daß die Temperaturen nicht allzu niedrig sind. Schon im März können verschiedene Eintagsfliegen wie *Baetis rhodani* schlüpfen. In den Sommermonaten ist es für viele Tradition, sich nur zum Abendsprung ans Wasser zu begeben. Dieser Moment hat in der Tat etwas magisches an sich. Allerdings sollte man nicht vergessen, daß es auch im Morgengrauen oder zur Mittagszeit zu einem Schlupf kommen kann.

Die Fliegenmuster

Es gibt unzählige Muster, die sich insgesamt jedoch in drei Kategorien unterteilen lassen:
– die Hechelfliegen, die in erster Linie Eintagsfliegen imitieren sollen
– die Köcherfliegen (»Sedge«), mit ihren dachförmig angelegten Flügeln
– die Palmer, deren Körper der ganzen Länge nach mit einer Hechel versehen ist; diese Muster imitieren Stubenfliegen, Hummeln usw.

Es gibt auch Muster, die ein wenig an alles zusammen erinnern sollen und sich sehr oft als ungemein fängig herausstellen! Die »Prawu« von Sepp Prager ist ein solches Beispiel, das schon viele Schneidertage verhindert hat. Daneben gibt es auch ungemein detailgetreue und akkurate Imitationen, wahre Wundergeschöpfe, die ihren natürlichen Vorbildern in nichts nachstehen.

Maifliege. ▶

Palmer. ▲

Köcherfliege (Sedge). ▶

Sedge. ▲

Palmer. ▶

DIE TAKTISCHE VORGEHENSWEISE

Sie können mit zweierlei Situationen konfrontiert sein:
– Entweder schlüpfen Insekten und die Fische steigen, oder
– das Gewässer liegt wie tot da.

Im ersten Fall ist der Erfolg beinahe schon garantiert, vorausgesetzt, die Strecke ist nicht einem übertrieben hohen Angeldruck ausgesetzt. Sie brauchen nur noch das richtige Fliegenmuster herauszufinden, jenes Insekt, das von den Fischen gerade begierig genommen wird. Aufmerksames Beobachten ist angesagt, denn Forellen und Äschen stellen sich oft auf eine ganz bestimmte Insektenart ein und verweigern alle anderen Angebote. Dabei können sie sich auf die Subimagoform konzentrieren (jenes Insektenstadium, in dem die Larve im Schlüpfen begriffen ist), auf die Imagoform (das fertige Insekt) oder die Spents (die nach der Eiablage tot auf dem Wasser treibenden Eintagsfliegen).

Auch solche Rinnsale sind hervorragend zum Fliegenfischen geeignet. ▶

DIE ANGELPRAXIS

▲ *Je nach Bewuchs des Gewässers und den zu erreichenden Wurfweiten kommen 6–9 Fuß (1,9–2,7m) lange Ruten zum Einsatz.*

Idealerweise werfen sie einen steigenden Fisch leicht schräg stromauf an und achten beim Wurf darauf, daß die Wurfschnur nicht durch das Sichtfenster des Fisches treibt. Die Fliege sollte jedoch genau in die Mitte des Sichtfeldes driften. Befinden sich Turbulenzen im und auf dem Wasser, müssen sie in Schlangenlinien ein wenig Schnur als Reserve auf die Wasseroberfläche legen, damit die Fliege nicht gleich zu furchen oder »dreggen« beginnt. Setzen sie den Anhieb erst nach dem Abtauchen des Fisches und das umso sanfter, je dünner ihr Vorfach ist. Liegt ihre Schnur gestreckt auf dem Wasser, genügt ein Anheben der Rutenspitze. Sehr vorsichtige Fische sollten sie stromab befischen. Jetzt steht der Fisch genau vor dem Angler, dafür kann man ihm die Fliege zutreiben lassen, ohne von Wurfschnur und Vorfach verraten zu werden. Ein verzögertes Setzen des Anhiebes ist unbedingt erforderlich, um der Forelle die Fliege nicht gleich wieder aus dem Maul zu ziehen.

DIE NASSFLIEGE

Diese völlig zu Unrecht vernachlässigte Technik ist zu Saisonbeginn unersetzlich und immer dann, wenn die Fische nicht an der Oberfläche, sondern im Freiwasser oder tiefer unterwegs sind. Naßfliegen sind auch stets dann ein guter Tip, wenn das Wasser zu trüb ist, um mit Nymphen auf Sicht zu fischen.

DIE ANGELPRAXIS

Mit Naßfliegen fischt man bevorzugt stromab (»Downstream«). Sie werfen dazu etwa dreiviertel stromab, aber nicht weiter als 10 m, um auch noch die ganz diskreten Bisse wahrzunehmen. Nach dem Wurf halten sie die Schnur und senken die Rutenspitze zur Wasseroberfläche ab, worauf die Fliege halbkreisförmig durchs Wasser schwingt. Ein Wippen mit der Rutenspitze oder ein gelegentliches Rucken an der Wurfschnur haucht der Fliege noch mehr Leben ein. Beim geringsten Verdacht muß angeschlagen werden! Ist ihre Wurfschnur gestreckt, hakt sich der Fisch nahezu von selbst.

Stromab mit einer Fliegenrute fischen. Die Schnur bildet einen Halbkreis, die Fliege sollte so dicht wie möglich an den potentiellen Unterständen vorbeitreiben. ▶

Die Muster

Um möglichst viele Wasserschichten abzusuchen, empfiehlt sich ein Zug aus mehreren Fliegen. Dazu kommt eine Fliege an die Vorfachspitze und ein oder zwei weitere (je nach Vorschrift) als Springer jeweils 50–70 cm oberhalb. Die Fliege an der Vorfachspitze soll möglichst tief abtauchen, so daß spärlich gebundene Muster ratsam sind. Je schneller die Strömung, desto steifer sollten die Hechelfibern sein. Die Springerfliege ist meist kleiner, dichter gebunden und oft grau oder gelblich.

◀ *Legendäres Naßfliegenmuster: die Alexandra.*

Das »Loch-Style«-Fischen

Diese Technik ist für große Seen gedacht und wurde von unseren britischen Angelkollegen entwickelt, die damit überaus effektiv die riesigen, windgepeitschten Seen Irlands und Schottlands nach Forellen absuchen. Hierzu wird ein Boot quer in den Wind gestellt und treiben gelassen, evtl. durch einen Treibanker gebremst. Ein solcher Treibanker sieht wie ein Fallschirm im Wasser aus und wirkt auch als solcher. So läßt man sich dann im Wind quer über die riesigen Wasserflächen treiben und hält dabei nach steigenden Forellen Ausschau. Mit dem Wind bietet man ihnen dann einen Fliegenzug an, der aus drei oder vier Fliegen besteht. Dabei kommen sogenannte Reizfliegen zum Einsatz, wie etwa die Grouse Claret, die Soldier Palmer oder die Peter Ross. Als oberster Springer ist immer eine im Oberflächenfilm arbeitende Naßfliege sinnvoll.

Naßfliege für das Freiwasser. ▲

◀ *Spärlich gebundene Naßfliege, die im Oberflächenfilm toll arbeitet.*

Elritzen auf Köderfischsystemen

Eltitzen sind tot oder lebendig ausgezeichnete Forellenköder und lassen nur selten eine große Forelle völlig uninteressiert. In Deutschland ist die Verwendung von Elritzen als Köder grundsätzlich untersagt, im europäischen Ausland jedoch gängig und beliebt.

Das Gerät

Rute zum Fischen mit toten Elritzen, schnelle Spitzenaktion (5–20 g). ▶

Für eine akkurate Köderführung sind Ruten mit schneller Spitzenaktion unerläßlich. Weil es aber sehr unterschiedliche Köderfischsysteme gibt, kommen mehr als nur ein Modell in Betracht. Stark beschwerte Systeme (Bleikopfsysteme) erfordern Ruten mit höherem Wurfgewicht als unbeschwerte Systeme, die sich zum ultraleichten Spinnfischen eignen. Als Rolle eignet sich jedes gute Modell, auf das 100 m einer 0,18 mm Nylonschnur passen.
Das Material und die vorgestellten Systeme eignen sich selbstverständlich nicht nur zum Fang mit Elritzen. Auch wenn die Elritze als Forellenköder Nr. 1 gilt, können Sie die vorgestellten Techniken auch mit anderen kleinen toten Köderfischen in Deutschland praktizieren, z. B. mit einer kleinen Plötze, einem kleinen Barsch oder einer Rotfeder.

Die Helmsysteme

Bei diesen starren Systemen kommt der Kopf des Köderfisches in einem mehr oder weniger schweren helmförmigen Kopf zu liegen. Diese Systeme eignen sich hervorragend dazu, senkrecht auf und ab gezupft zu werden, direkt unter der Rutenspitze. Das Zupfen muß man keinesfalls auf den Grund beschränken, auch hoch darüber lassen sich so dicke Forellen aus der Reserve locken.

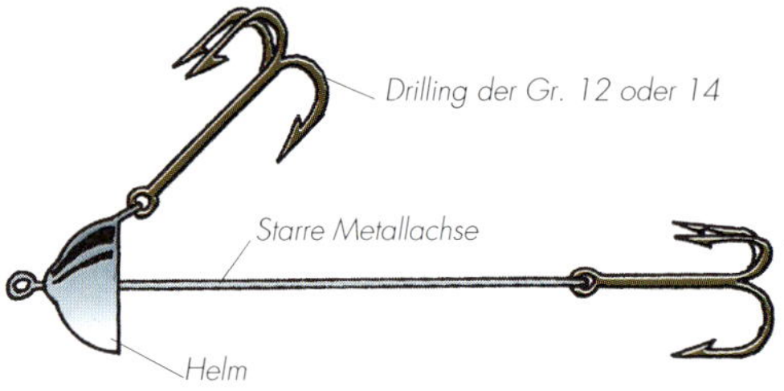

Das Drachkovitch-System

Beim Fang auf Bachforellen wird das Drachkovitch-System ähnlich wie beim Zanderfischen geführt. In schnellfließenden Abschnitten läßt sich dieses System außerdem sehr fängig über den Grund »rollen«. Der Angler holt dabei nicht ein, sondern er hebt sein System bei jedem Bodenkontakt erneut ein wenig an, worauf es wieder von der Strömung erfaßt wird und sich so quer durch den gesamten Fluß arbeitet.

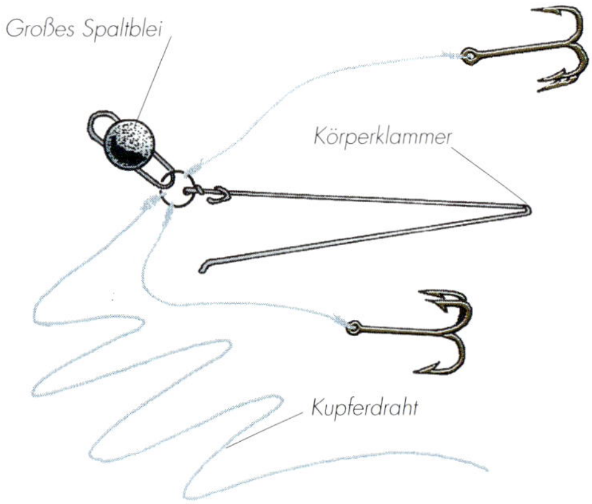

Die Bleikopfsysteme

Bei diesen Systemen wird dem Köderfisch ein mit einer Längsachse versehener Bleizapfen in den Schlund gedrückt. Halt bekommt der Fisch durch eine Drahtklammer, die ihn im Hinterkopfbereich fixiert. Jene Systeme, deren Kopf abgeflacht und mit einer Celluloidscheibe bestückt wurde, arbeiten in Strömungen ungemein lebhaft.

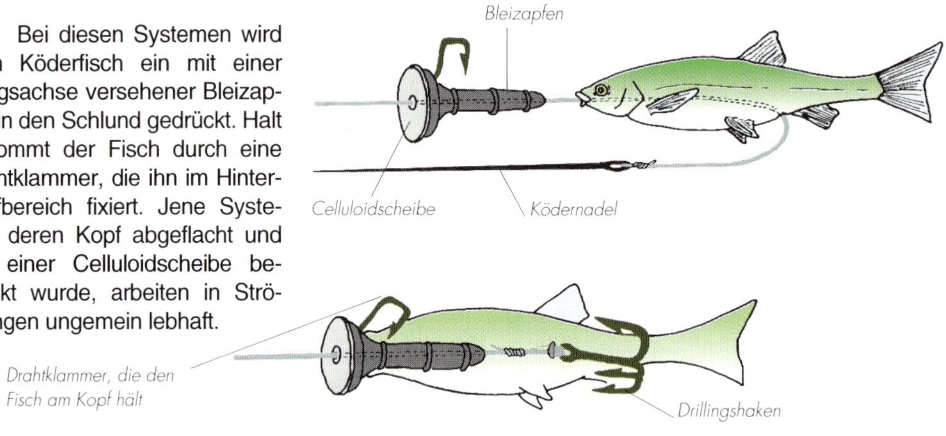

Die Miniatursysteme

Elritzen sind klein und es gibt nur wenige Systeme, die unauffällig bleiben. Durch Wegkneifen des wuchtigen Kopfes zahlreicher Bleikopfsysteme läßt sich mit Hilfe von zwei kleinen Drillingen schnell ein System anfertigen, das nahezu unsichtbar wird. Der Köderfisch ist allerdings auch leichter, so daß er sich nicht mehr überall fischen läßt.

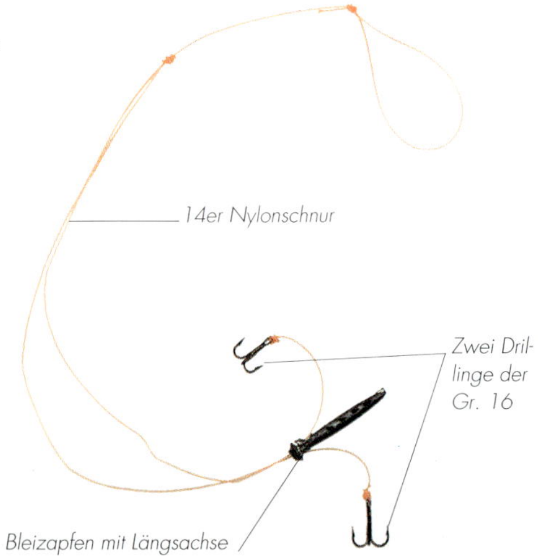

Köderfischsystem zum ultraleichten Fischen

Die Regenbogenforelle

Dieser Fisch, der für viele der Inbegriff einer Forelle ist, soll neuesten Studien zufolge ein Lachs sein. Das ist zumindest das Ergebnis amerikanischer Genforschungen. ***Die Regenbogenforelle (Oncorhynchus mykiss)*** *verfügt über einen metallisch rosa schimmernden Längsstreifen auf ihren ansonsten silbrigen Flanken. Unzählige schwarze Pünktchen übersäen den ganzen Körper und die meisten Flossen. Ihr Speiseplan entspricht dem der Bachforelle. Die Stellen, an denen sich diese Fische in Europa vermehren, sind ausgesprochen selten. In der österreichischen Mur ist das beispielsweise der Fall.*

Die Forellenseefischerei

Europaweit entstehen immer mehr sogenannte Forellenseen. Das Besondere an diesen Gewässern ist, daß es sich oft nicht um typische Forellengewässer handelt, sondern um künstlich besetzte Biotope. In England ist das mit den Wasserspeichern vieler Atomkraftwerke der Fall, in Deutschland und Dänemark oft mit Baggerseen und Weiheranlagen. An den schönsten dieser Gewässer ist oft nur das Fliegenfischen erlaubt. Diese Technik läßt sich an solchen Gewässern in vier Kategorien einteilen: das Streamerfischen, das Naßfliegenfischen, das Nymphenfischen und das Trockenfliegenfischen. Witterung und Jahreszeit bestimmen, wann welche Technik zum Einsatz kommt. Das Streamerfischen erweist sich oft bei großer Kälte als effektiv, aber auch an den tiefsten Stellen, inmitten brütender Sommerhitze. Nymphen und Naßfliegen sind dann angesagt, wenn die Fische im Freiwasser unterwegs sind, aber nicht steigen. Das Trockenfliegenfischen hängt davon ab, ob es zu einem massiven Insektenschlupf kommt. Erst dann stellen sich die Forellen auf reine Oberflächennahrung ein.

Zwei glückliche Reservoirfischer. ▶

Das Gerät

Zahlreiche Forellenseen warten mit großen Forellen von über 5 kg auf. Dementsprechend robust sollte das Gerät gewählt werden: 9–10 Fuß-Rute (2,7–3 m) der Klasse 7 oder 8, Wurfschnur mit sinkender Spitze in der Vor- und Nachsaison. Inmitten der größten Kälte und Hitze braucht man sehr tief absinkende Sinkschnüre (Extra Fast Sinking). Überall, wo große Forellen zu Hause sind, sind über 100 m Backing ratsam. Kommen nur kleinste Fliegen zum Einsatz, gewinnt man mit leichterem Gerät an Effektivität. Stellenweise ist Gerät der Klasse 5 richtig, mit Vorfachspitzen von unter 0,14 mm. Oft sind die Forellen ausschließlich auf winzige Zuckmückenlarven fixiert, deren Imitationen sich nur an so leichtem Gerät anbieten lassen.

Die Streamer

Streamer sind keine Insektenimitationen, sondern Nachbildungen größerer Beutetiere, wie etwa Kleinfische. Unter den Streamern gibt es naturgetreue Nachbildungen, aber auch ganz unnatürlich anmutende, geradezu schrille Exemplare, die zu den Reizfliegen gehören und auf die Neugier der Fische ausgerichtet sind.

◀ *Marabustreamer.*

▲ *Bucktailstreamer.*

Die Naßfliege

Es gibt unzählig viele Naßfliegenmuster, die einer Vielzahl von Situationen gerecht werden, allerdings lassen sie sich generell nicht so tief wie Streamer führen.

◀▲ *Klassische Naßfliegen.* ▶

Die Nymphe

An Forellenseen erweisen sich Nymphen oft als unerläßlich, wenn die Fische ein wenig launisch und selektiv sind. Im Oberflächenfilm angebotene Zuckmückenlarvenimitationen sind oft die einzige Lösung. Das Problem ist nur, daß sich diese Nymphen nur an sehr feinem Gerät fischen lassen, was die Aussicht auf einen schweren Fisch arg trübt!

◀ *Imitation einer Zuckmückenlarve.*

◀ *Klassische Nymphen.* ▶

Die Trockenfliege

Trockenfliegen kommen anläßlich eines Insektenschlupfes zum Einsatz. Gängig sind Köcher- und Eintagsfliegen.

◀ *Klassische aufsteigende Trockenfliege.*

Ameise. ▶

◀ *Sedge.*

Maifliege. ▶

Die Angelpraxis

Der Weg zum Erfolg führt über genaues Beobachten. Es geht darum, die Fische auszumachen und ihre jeweilige Freßlaune herauszufinden. Steigen welche? Wenn ja, worauf? Schnell muß man sein, denn wenig später konzentrieren sich die Forellen vielleicht schon auf eine andere Insektenart. Nehmen sie Zuckmücken oder Köcherfliegen? Oft führt kein Weg am Ausprobieren vorbei. Zur warmen Jahreszeit scheinen Zuckmückenlarven in größeren Seen regelmäßig den Hauptnahrungsbestandteil der Regenbogenforellen auszumachen. Dabei gibt es schwarze, grüne und sehr helle Larvenarten. Gefischt wird idealerweise von einem Boot aus, das man im Wind treiben läßt, wobei man in aller Ruhe darauf wartet, daß sich irgendwo eine Forelle in Wurfweite verrät. Ist keinerlei Anzeichen von Aktivität auszumachen, bleibt nur ein tiefes und blindes Absuchen mit einem Streamer übrig – in 1 oder 2 m Tiefe, aber auch 15 m tief!

Der See von La Landie in der französischen Auvergne ist vielleicht der schönste europäische Forellensee. ▼

Die Reservoirs und der Fischbestand

Der Begriff Reservoir oder Wasserspeicher steht hier nur stellvertretend für eine ganze Reihe von Gewässern, die in den vergangenen beiden Jahrzehnten europaweit entstanden sind. Stillstehende Gewässer unterschiedlichster Natur – Weiher, Seen, Talsperren, Wasserspeicher – werden mit Salmoniden künstlich besetzt. Ihren Ursprung hat diese Fischerei in England, wo bereits im Zweiten Weltkrieg die ersten Wasserspeicher von Großkraftwerken, Baggerseen und Kiesgruben mit Regenbogenforellen besetzt wurden, um im Krisenfall über zusätzliche Nahrung zu verfügen. Nach dem Krieg wurde, um die Wasserqualität zu erhalten, nur das Fliegenfischen gestattet. Das Fliegenfischen an stillstehenden Gewässern war unseren britischen Kollegen aber auch damals schon nicht mehr fremd, schließlich ist es schon Jahrhunderte lang Tradition, die irischen, walisischen und schottischen »Lochs« mit der Fliege von einem treibenden Boot aus zu befischen. Auf dem europäischen Kontinent entstanden die Forellenseen für Angler erst ab dem Ende der 1970iger Jahre.
Regenbogenforellen sind nicht die einzigen Fische, mit denen diese Biotope für Fliegenfischer besetzt werden. Oft sind auch See- und Bachsaiblinge anzutreffen. In einigen Wasserspeichern wurden auch Regenbogenforellen vom Kamloopsstamm ausgesetzt, besonders starke und großwüchsige Tiere, denen das Leben in vielen dieser Gewässer gut bekommt. An der Angel sorgen diese Fische für ein ordentliches Spektakel, zu dem zahlreiche Sprünge gehören. Wesentlich ist, daß die Eigentümer solcher Gewässer nicht anfangen, ihr Geschäft mit billigen, degenerierten Mastfischen zu betreiben, sondern auf qualitativ hochwertige Satzfische setzen, die die Fischerei erst so richtig interessant machen.

Die Meerforelle

***Die Meerforelle* (Salmo trutta trutta)** *fasziniert alle Angler. Ein wenig wie der Lachs legt die Meerforelle scheinbar widersprüchliche Launen an den Tag, die erst bei näherem Hinsehen eine Art Logik offenbaren. Am aussichtsreichsten ist die Fischerei immer bei dunklem und bedecktem Wetter, sowie in der Nacht. Abschwellendes, allmählich klarer werdendes Hochwasser ist auch recht gut.*

Das Spinnfischen

In Anbetracht der unglaublich großen Vielzahl verschiedenster Spinnköder in den unterschiedlichsten Größen ist diese Technik zum gezielten Fang von Meerforellen hervorragend geeignet.

Der Spinner

Anhänger dieser Köder sind zahlreich, besonders zu Saisonbeginn. Ein silberner Spinner der Gr. 2 oder 3 mit schwarzen Punkten fängt unter den meisten Bedingungen.

Der Löffel

Schlanke Löffel imitieren eine der begehrtesten Beuten der Meerforellen: Sandaale. Je tiefer gefischt wird, desto schwerer sollte der Löffel sein.

Der Wobbler

Auf Meerforellen kommen etwa 9 cm lange Modelle zum Einsatz. Das Besondere an Wobblern ist, daß man sie durch Unterstände führen kann, die man mit klassischen Spinnködern nicht erreicht, wie beispielsweise unterspülte Uferpartien.

◄▲ *Zwei Schwimmwobbler, die an kleinen Meerforellenbächen fängig sind.*

Das Gerät und die Praxis

Eine robuste Spinnrute mit etwa 20–30 g Wurfgewicht, sowie eine gute, mit 150 m Nylonschnur (0,25–0,28 mm) gefüllte Stationärrolle, stellen eine vernünftige Grundausstattung dar. Gefischt wird in etwa wie auf Lachs, d. h. langsam und methodisch. In aller Ruhe durchkämmt man die Pools, wobei man sich Mühe geben muß, möglichst grundnah zu führen.

Das Köderfischsystem

Große Forellensysteme, bestückt mit einer dicken Elritze sind ideal. Auch ein Sandaal ist ungemein fängig.

Die Krabben

Ganze Krabben sind bei Meerforellen heißbegehrt. Ratsam sind sie vor allem in tiefen Pools.

Das Fliegenfischen

Sobald die ersten schönen Tage da sind und sich das Wasser allmählich erwärmt, hält es keinen echten Iren oder Schotten mehr zu Hause. Fliegenfischen auf Meerforellen ist angesagt! Zum Meerforellenfischen hat der Gesetzgeber in diesen Ländern extra das Nachtfischen freigegeben.

Die Köcherfliege (Sedge)

Manchmal ist eine große, auf der Oberfläche furchend gezogene Köcherfliege ungemein erfolgreich. Diese Technik funktioniert spät abends und nachts, wenn die Fische höher stehen.

▼ *Große Köcherfliege (Sedge), zum Furchen in der Strömung.*

Die Angelpraxis

Meerforellen sind sehr scheue Fische, an die man sich nur sehr vorsichtig heranpirschen sollte. Sogar unnötige Leerwürfe sollte man vermeiden, denn allein schon die durch die Luft ziehenden Schlaufen der Wurfschnur reichen aus, so manche Forelle zu vergrämen. Auch das Waten muß ähnlich vorsichtig stattfinden, Wellen unbedingt vermeiden! Die Wurfschnur wird gestreckt, etwa ein Drittel stromab aufs Wasser gelegt, so daß die Fliege ganz am Ende zum Liegen kommt. Von der Strömung erfaßt, schwingt die Fliege nun im Halbkreis durch den Fluß. Ein Wippen der Rutenspitze haucht der Fliege dabei zusätzliches Leben ein.

Die Shrimp-Fly

Weil Krabben bei den Meerforellen hoch im Kurs stehen, sind auch deren Imitationen fängig. Im Meer machen sie einen wesentlichen Teil der Forellennahrung aus und offenbar erinnern sich die Meerforellen im Süßwasser daran.

▼ *Krabbenimitation oder Shrimp-Fly.*

Das Gerät

Die Gerätwahl richtet sich in erster Linie nach der Größe des Flusses, der Strömung und nach dem Durchschnittsgewicht der Meerforellen. In Irland haben wir die Meerforellen gerne mit herkömmlichem Forellengerät befischt, was in Norwegen, wo es 10 kg schwere Brocken gibt, reiner Wahnsinn wäre! Sind wirklich schwere Meerforellen da und ist das Gewässer nicht zu klein, dann ist Fliegengerät der Wurfklassen 8 oder 9 angebracht, eventuell sogar lange Ruten. Je nach Größe der Fische sind die Vorfachspitzen 0,20–0,35 mm stark. Das Vorfach selbst besteht aus nur einem Stück und ist 1,0–2,5 m lang. Eine einfache, manuelle Fliegenrolle macht die Ausrüstung komplett. 50–100 m Backing unter der Wurfschnur reichen erfahrungsgemäß in den meisten Fällen aus.

Der Seesaibling

Der Seesaibling (Salvelinus alpinus), *auch Wandersaibling genannt, ist, besonders zur Laichzeit, der schönste unserer Salmoniden oder zumindest der farbenprächtigste. Sein roter Bauch strahlt dann regelrecht in der Tiefe der großen Seen. Ursprünglich stammt der Fisch aus den Küstengewässern und Zuflüssen des nördlichen Eismeeres (Wanderform), über Besatzmaßnahmen wurde er in einer ganzen Reihe von Alpenseen heimisch (stationäre Seepopulation, Salvelinus alpinus salvelinus). Die Beutetiere der Seesaiblinge sind von kleiner Durchschnittsgröße. Unter ihnen befinden sich vorwiegend Wirbellose, wie Flohkrebse und Zuckmückenlarven. Kleinfische stehen aber auch auf dem Speiseplan. Wie das Renkenfischen stellt auch der Fang von Saiblingen keine sonderliche Schwierigkeit an sich dar, das Problem ist, die Fische in den Weiten ihrer Gewässer zu finden! Die Saiblingsschwärme stehen nicht gleichmäßig im Wasser verteilt, sondern wandern, bedingt durch die Witterung, recht rege umher. Hierbei suchen sie auch andere Tiefenschichten auf.*

Das tiefe Schleppen

Das Schleppen mit Kunstködern in der Tiefe großer Seen bringt erstaunlich gute Ergebnisse. Ganz wesentlich ist dabei eine genaue Gewässerkenntnis und ein Gefühl für die Lebensgewohnheiten der Fische. Das Schleppfischen findet in 15–30 m Tiefe statt und ist keine ganz unproblematische Angelegenheit. In Deutschland ist das Schleppfischen zudem gebietsweise untersagt. Erkundigen Sie sich im Zweifelsfall bitte vor Ort.

Mit Winde

Eine alte Technik besteht darin, die Köder mit Hilfe einer Winde und einem schweren Gewicht auf Tiefe zu bringen. Auf eine Winde kommen dabei 80–200 m dünnes Stahlseil (0,50 mm) und daran ein etwa 1 kg schweres Gewicht. An einigen Winden sitzt auch noch ein kleiner Auslegearm, auf den ein Glöckchen gesetzt werden kann. Beim Biß klingelt es dann. Je nach Fabrikat verfügen die Winden noch über eine Arretierung, damit das Gewicht in einer bestimmten Tiefe bleibt. Da Saiblingsschwärme durch den See in unterschiedlicher Tiefe wandern, ist ein vorheriges Erkunden zwingend notwendig.

▲ *Winde mit kleinem Auslegearm und Glöckchen als Bißanzeiger.*

Die Angelpraxis

Einmal an der Angelstelle angelangt läßt man das Gewicht über die Winde in die Tiefe laufen. Bei Bodenkontakt hebt man das Gewicht etwa einen Meter durch Einkurbeln an. Die Schleppgeschwindigkeit darf nicht über 2 km/h liegen. Weil Seesaiblinge gesellig leben, lohnt es sich, nach dem ersten Fang das Gebiet gründlich abzusuchen.

Die Montage

Die Anzahl der Köder, die geschleppt werden dürfen, ist an jedem Gewässer streng reglementiert. Die Köder laufen an 4,5 m langen Seitenarmen, die jeweils fünf Meter auseinanderliegen. Der unterste Köder läuft fünf Meter über dem Gewicht.

▼ *Besser als ein Motorboot ist ein Ruderboot.*

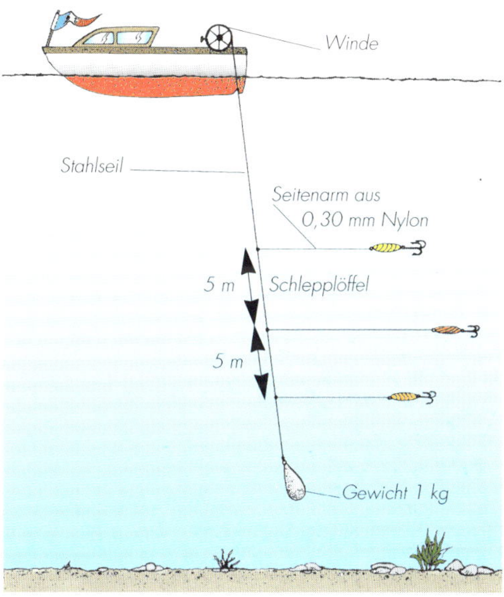

Die Kunstköder

◀ *Dünnwandige Schlepplöffel, die vielerorts – z. B. in der Ostsee – zum Einsatz kommen.*

Es handelt sich um ganz spezielle Löffel, die durch ihr geringes Gewicht auffallen. Hierdurch fangen die Löffel auch bei niedrigsten Schleppgeschwindigkeiten schon an, verführerisch zu arbeiten. Immer mehr Hersteller bieten heutzutage diesen Löffeltyp für die Schleppfischerei an. In der Schweiz gibt es bereits seit Jahrzehnten einen solchen Schlepplöffel, der seit jeher aus Perlmutt hergestellt wird.

Mit Köderfischsystem

Diese Technik funktioniert hervorragend an kleineren Alpen- und Voralpenseen. Genaue Gewässerkenntnisse sind aber auch hier Schlüssel zum Erfolg, denn die Seesaiblinge wandern rastlos umher und verweilen nur kurz an bestimmten Stellen. Recht aussichtsreich sind immer der Fuß von Steilwänden und Geröllanhäufungen. Seesaiblinge suchen auch gerne Stellen mit sauberem, nicht mit Sediment durchsetztem Wasser auf. Dort ist der Tisch immer mit Wirbellosen gedeckt.

Das System

Das Maul der Seesaiblinge ist klein, so daß das System am Köderfisch so unauffällig wie möglich sein muß. Gut sind Bleikopfsysteme, mit einem kleinen, zapfenförmigen Bleikopf, den man ganz in das Fischlein hineinschieben kann. Als Bewaffnung dienen zwei winzige Drillinge der Gr. 16 oder 17. Seesaiblinge können ungemein selektiv sein, weshalb man den Köderfisch möglichst sauber montieren sollte, damit er im Wasser einen natürlichen Eindruck vermittelt. Schlecht ist ein krumm befestigter Köderfisch!

Das Gerät

Eine leichte Spinnrute mit ausgeprägter Spitzenaktion ist für dieses Köderfischsystem hervorragend geeignet. Angelt man vom Boot aus, gibt man allerdings kurzen Ruten von etwa 1,6 m Länge den Vorzug. Auf die kleine Stationärrolle kommen in der Regel 150 m Nylonschnur der Stärke 0,12 oder 0,14 mm.

DIE ANGELPRAXIS

Meist wird in mittleren Tiefen von etwa in 15–20 m gefischt. Geführt wird der Köder hauptsächlich auf dem Grund, wo der Angler ihm über Zupfbewegungen der Rute Leben einhaucht. Auch Heben und Senken unter dem Boot ist fängig. Der Biß ist oft sehr diskret und wegen der großen Tiefe nur durch Widerstand beim erneuten Anheben spürbar. Beim geringsten Verdacht muß augenblicklich angeschlagen werden! Will man seine Fische zurücksetzen, dann ist es wichtig, diese nicht allzu schnell emporzudrillen. Dehnt sich die Schwimmblase nämlich zu rasch aus, kann es zu schweren inneren Verletzungen kommen. Solche Fisch weisen einen prallen Bauch und hervorstehende Augen auf.

◀ *Dieser kleine Seesaibling hat ein wenig zu tief geschluckt.*

DAS POSENFISCHEN

Diese Technik ist überall dann erfolgversprechend, wenn die Fische nicht zu tief stehen (15–20 m). Besonders an kleineren Seen sind die fängigen Stellen recht ausgeprägt. Das Posenfischen erlaubt ein sehr effektives Absuchen dieser Bereiche.

Die Montage

Ein Waggler oder eine andere Gleitpose mit 5–10 g Tragkraft; eine Hauptschnur mit 0,14 mm Durchmesser; ein Vorfach mit 0,12 mm Durchmesser und ein Haken der Gr. 10–16, je nach Ködergröße.

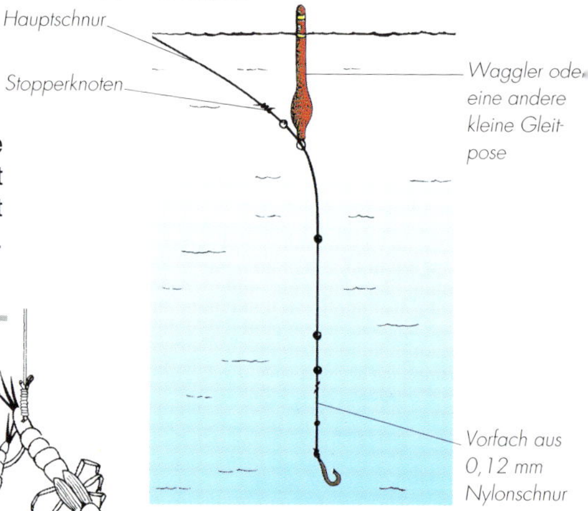

Matchmontage

Die Köder

Die fängigsten sind Bienenmaden und Larven der großen Eintagsfliegenarten. Notfalls funktionieren auch im Bündel angebotene Zuckmückenlarven.

Zwei Eintagsfliegenlarven auf einem Haken der Gr. 14 oder 16. ▶

DIE ANGELPRAXIS

Die besten Ergebnisse ermöglicht ein Boot. Nur so läßt sich eine größtmögliche Anzahl potentieller Unterstände in kürzestem Zeitraum befischen. Mehr als 20 Minuten braucht man in die Angelstellen nicht zu investieren. Bleiben die Bisse so lange aus, dann sind wahrscheinlich keine Saiblinge da. Umgekehrt sieht es nach einem Fang aus, hier lohnt es sich nun, den Bereich gründlicher abzusuchen. Die Tiefe wird so eingestellt, daß der Köder unmittelbar über dem Grund schwebt. Einige Angler glauben fest daran, daß ein kleines, auf dem Vorfach angebrachtes Knicklicht, Seesaiblinge herbeilockt.

Dieser Seesaibling konnte Bienenmaden nicht widerstehen! ▶

Der Bachsaibling

Für ***den Bachsaibling*** **(Salvelinus fontinalis)** *sind die weißen Ränder an Brust-, Bauch- und Afterflossen typisch. Das Schuppenkleid der Bachsaiblinge überziehen zahlreiche blaßrote, von zartem blau eingefaßte Tupfen. Der Rücken weist immer ein Schlingenmuster auf, das gelblich bis blaßgrün ist. Diese aktiven Räuber, die von Kleinfischen und Wirbellosen leben, gedeihen in vielen hochgelegenen Seen und Bächen gut. Gefangen werden sie mit denselben Techniken, wie die Bachforellen* *(siehe Seite 8)**. Der Bachsaibling ist an vielen Bergseen die Hauptattraktion.*

Mit der Matchrute

Das Matchrutenfischen mit einer Gleitpose ist die einzige Form der Posenfischerei, bei der mit einer größtmöglichen Effektivität und in Rekordzeit alle Gewässerschichten abgesucht werden können. Darüberhinaus erlauben Matchruten weite Würfe und ein sensibles Drillen.

Die Montage

Sie besteht aus einem am Fuß beschwerten Waggler, den ein Stopperknoten auf der gewünschten Höhe arretiert. Das Vorfach ist 0,10–0,12 mm dick und an sein Ende kommt, je nach Ködergröße, ein Haken Gr. 8–14.

Ein Waggler ist eine Pose, die aus der Matchfischerei kommt und sich hervorragend zum Fischen auf große Distanz eignet. ▼

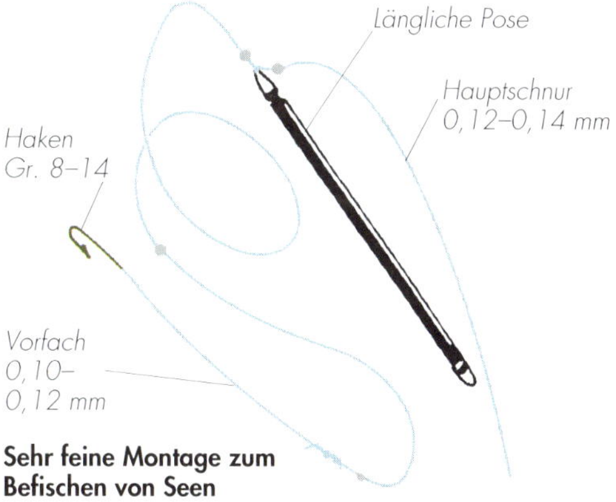

Sehr feine Montage zum Befischen von Seen

Die Köder

Bachsaiblinge sind Vielfraße, denen fast alles recht ist: Laubwürmer, Bienenmaden, Angelraupen und Mehlwürmer.

▲ *Ein See im Mercantour, ideal zum Fischen von Bachsaiblingen.*

Die Angelpraxis

Sie müssen zunächst die Tiefe herausfinden, in der die Fische patroullieren. Fangen Sie zuerst an, sehr tief zu angeln und arbeiten sie sich dann in die obersten Schichten durch. Wegen des dünnen Materials muß der Drill so sanft wie möglich stattfinden. Bachsaiblinge starten kurz vor dem Keschern gerne noch einmal vehement durch!

Die Äsche

***Äschen* (Thymallus thymallus)** *sind in einem ganz bestimmten Biotop zu Hause. Sie leben in sauberen, sauerstoffreichen Fließgewässern mit steinigem Grund, in denen sich Gumpen mit Rieselstrecken abwechseln. Die Äsche, die zur Familie der Thymalliden gehört, wurde lange als Salmonide betrachtet, da auch sie über eine kleine Fettflosse verfügt und in etwa dieselben Lebensräume aufsucht, wie Forelle und Lachs. Aber das war es auch schon mit den Gemeinsamkeiten. Die Schuppen der Äsche sind deutlich größer und das Maul unterständig. Oft glänzt das Schuppenkleid bronzefarben. Bei den männlichen Exemplaren wächst die Rückenflosse zu einer stolzen Fahne heran, weshalb diese Fische vielerorts auch als »Fahnenträger« bezeichnet werden. Hauptnahrungsgrundlage der Äschen sind Wasserinsekten in allen Entwicklungsstadien. Egal, ob man diesen Fischen mit der Fliegen- oder der Tastrute nachstellt, das Äschenfischen bleibt immer eine schwierige Angelegenheit, bei der es sehr auf Erfahrung ankommt!*

Mit der Trockenfliege

Von vielen als die Königsdisziplin in der Äschenfischerei betrachtet, bleibt der Einsatz dieser Technik jenen Momenten vorbehalten, in denen Insekten schlüpfen und die Fische steigen. Das Trockenfliegenfischen ist allerdings auch noch bis in den Winter hinein möglich, denn auch im November und Dezember schlüpfen zahlreiche Kleininsektenarten. Am Wasser sind dann viel weniger Angler unterwegs, es ist ruhiger und die Fische verlieren ein wenig von ihrer Scheu. Bei zu hohem Angeldruck verweigern Äschen nämlich gerne jede Form der Oberflächennahrung, sie konzentrieren sich dann auf tiefer lebende Larven.

Die Muster

Zahreiche Muster sind geeignet, die konkrete Wahl hängt meist von den Eigenarten des zu befischenden Gewässers ab. In den ansässigen Angelgerätegeschäften sind meist die am jeweiligen Wasser fängigen Muster erhältlich.

Die meisten Äschenmuster sind Emerger, die man im Oberflächenfilm anbietet. Ideal geeignet sind hierzu Fliegen, die aus den Bürzelfedern von Enten auf kleine Haken (Gr.14–18) gebunden werden. Schlüpfen jedoch Köcherfliegen, dann kommen stellenweise große Trockenfliegen zum Einsatz, die naturgetreuer gebunden werden. Naturgetreu gebundene Fliegen sind besonders im Winter wichtig, wenn kleine Eintagsfliegen, wie *Ephemerella ignita* auf dem Speiseplan der Äschen stehen.

▲ *Ameise.*

Entenbürzelfliege. ▲

▲ *Kleine Eintagsfliege.*

▲ *Spinne.*

▲ *Kleine Köcherfliege.*

Imitation einer Wasserlarve. ▶

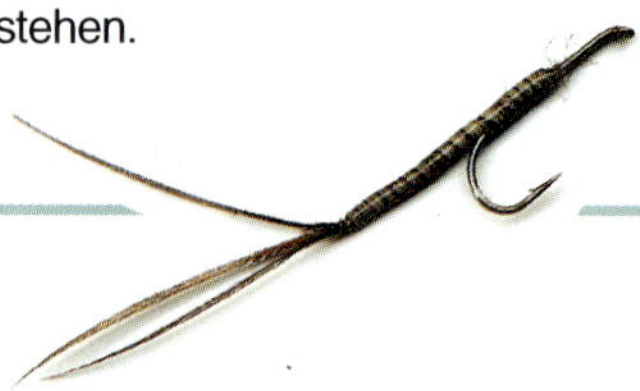

▲ *Kleine Entenbürzelfliege.*

Das Angelgerät und die Praxis

Aufgrund der großen Scheu der Äschen ist es ratsam, die Fische aus größerer Entfernung anzuwerfen. Hierzu ist eine spezielle Gerätezusammenstellung erforderlich, die Sie nicht unbedingt in jedem Geschäft finden werden: Eine mindestens 9 Fuß (2,7 m) lange Rute, evtl. auch 10 Fuß, mit durchgehender Aktion, die auf die Schnurklassen 3 oder 4 ausgelegt ist. Als Wurfschnur ist eine Trockenschnur in Keulenform sinnvoll. Die praktischsten Vorfächer sind jene aus Nylonflechtgeweben, an deren Spitze noch 2 m Nylonschnur kommen, die bei selektiven Fischen oft nicht dicker als 0,10 mm sein darf. Besonders wenn sie Trockenfliegen nehmen, halten sich die Äschen sehr punktgenau auf. Sie stromern nicht auf der Suche nach Beute herum, sondern warten, bis diese ihnen durch ihr Sichtfenster getrieben wird. Für den Angler bedeutet das, daß er sehr auf die Präzision seiner Würfe achten muß. Die Abdrift der Fliege muß so natürlich wie möglich erfolgen, nichts darf dem Fisch verdächtig vorkommen. Die Fliege darf nicht furchen (»dreggen«) und die Wurfschnur nicht durchs Sichtfenster des angeworfenen Fisches treiben. Äschen steigen manchmal aus größerer Tiefe und beobachten die Fliege dabei ganz genau. Kommt ihnen nichts verdächtig vor, kippen sie beim Einsaugen leicht nach hinten und nehmen die Fliege dadurch ein wenig stromab von ihrem eigentlichen Unterstand.

Mit Nymphen auf Sicht

Diese Technik ist eigentlich nur einigen wenigen Experten vorbehalten, da sie ungemein schwierig ist, Adleraugen erfordert, sowie außergewöhnlich klares Wasser. Wer sie jedoch beherrscht, verfügt am Wasser regelrecht über eine Geheimwaffe. Schade ist, daß die Fließgewässer nur ganz selten wirklich ausreichend klar sind, lediglich einige wenige Quell- und Kalkflüsse verfügen über diese gefragten Eigenschaften.

Das Gerät

Das Gerät ist mit dem zuvor erwähnten identisch. Einer noch natürlicheren Abdrift zuliebe gehen einige Angler mit ungemein dünnen Vorfachspitzen zu Werke, stellenweise mit bis zu 0,065 mm dünnen Nylonschnüren! Der Ausgang eines Drills ist bei so dünnem Material immer ungewiß!

Vorfach zum Nymphenfischen

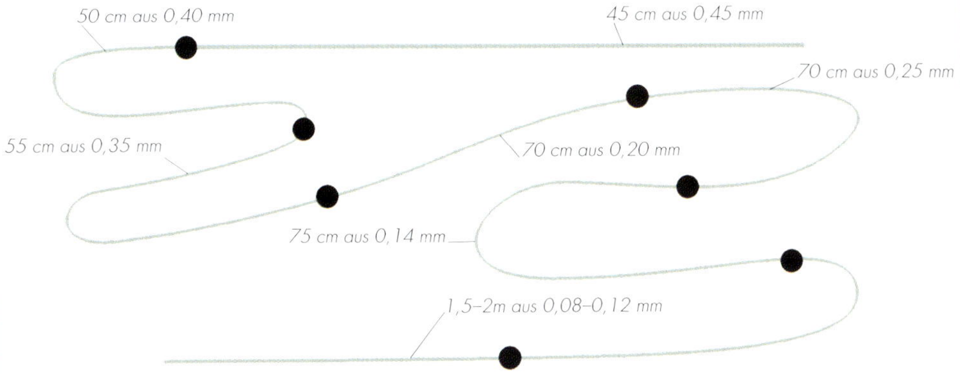

Die Muster

Ziel der Nymphenmuster ist es, die zahlreichen wirbellosen Wassertiere zu imitieren, die zwischen den Steinen des Flußbettes leben.

Kleine Nymphe. ▲

DIE ANGELPRAXIS

Recht logisch ist, daß der erste Schritt in dieser Fischerei das Ausmachen der Fische ist. Charakteristisch für steigende Äschen ist das kurze blaue Schimmern der Rückenflosse, wenn sie sich an der Oberfläche drehen oder unmittelbar darunter schwänzeln. Der Erfolg hängt nun von der Erfahrung und dem richtigen Vorgehen des Anglers ab. Die Abdrift der Fliege muß makellos sein. Treibt die Nymphe verzögert, d. h. zu langsam, oder treibt sie zu schnell, schon ist die natürliche Scheu der Äschen geweckt. Die Fliege muß ganz genau jenes Beutetierchen imitieren, dem die Äschen just zu diesem Zeitpunkt nachstellen. Sehr dünne Vorfachspitzen erleichtern dieses Spiel. Doch damit nicht genug Schwierigkeiten! Beim Biß ist es kein leichtes Unterfangen, den richtigen Augenblick zum Setzen des Anhiebes abzupassen! Oft kippt der Fisch beim Biß lediglich ein wenig zur Seite. Im Zweifel ist man gut damit beraten, den Anhieb beim geringsten Verdacht zu setzen.

Arktische Äschen aus dem Noatak River in Alaska. ▶

DAS TASTFISCHEN

Das Tastfischen auf Äschen ist eine uralte und ungemein effektive Technik, die allerdings nicht überall erlaubt ist. Vielerorts ist das Tastfischen mit Naturködern nämlich weitaus fängiger als das Fliegenfischen.

DAS GERÄT

Geeignet sind spezielle Ruten zum Tastfischen oder Matchruten. An die Rute kommt eine Stationärrolle, ideal sind Kapselrollen . Der Schnurdurchmesser liegt bei etwa 0,10–0,12 mm. Die Beschwerung sitzt verteilt, was eine natürliche Abdrift ermöglicht. Je nach Köder kommt ein Haken der Gr. 14–16 an das Vorfach. Ideal ist eine Hauptschnur aus fluoriszierendem Nylon.

◀ *Kapselrollen sind beim Tastfischen sehr praktisch.*

Die Köder

Leichtes Angelgerät ist zum Anbieten der ganz kleinen Köder, die die Äschen das ganze Jahr über so gerne nehmen, ideal: Eintagsfliegenlarven, Köcherfliegenlarven, Steinfliegenlarven, Bachflohkrebse und Zuckmückenlarven.

DIE ANGELPRAXIS

Ziel ist es, den Köder genau in Strömungsgeschwindigkeit über Grund rollen zu lassen. Unerläßlich ist dabei, den Köder genau unter der Rutenspitze zu führen. Diese Technik ist ungemein taktil und visuell, der Angler muß darauf gefaßt sein, auf jeden noch so kleinen Ruck in der Schnur zu reagieren. Oft kommt es noch nicht einmal zu einem Ruck, sondern nur zu einem leichten Erzittern der Rutenspitze oder einer Pause in der Abdrift.

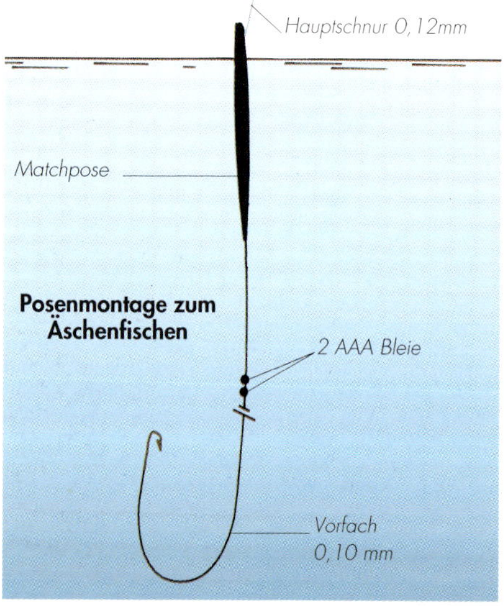

Der Namaycush-Saibling

Der Namaycush-Saibling (Salvelinus namaycush) *war ursprünglich nur in Nordamerika zu Hause. Über Besatzmaßnahmen gelangten diese Fische auch in einige hochgelegene europäische Gewässer. Diese Saiblinge sind sehr aktive Räuber mit einem vielseitigen Speiseplan. Zu ihrer Beute gehören Kleinfische, Wasserlarven und Amphibien. Ihre Zeichnung ist sehr auffällig: Die Grundfarbe ist grau-grün, auf dem Rücken befinden sich zahlreiche Marmorierungen sowie gelbliche Tupfen auf den Flanken. Es sind lichtscheue Gesellen, die zu grelles Licht meiden. Alle Techniken, die für den Fang von Bach- und Seesaiblingen angeführt wurden, sind auch für den Namaycush-Saibling geeignet.*

Mit Köderfischsystem

In mittelgrossen Seen ist es eine der Idealtechniken, vorausgesetzt, man verwendet die richtigen Köderfischsysteme. Tagsüber ist es ratsam, jene Bereiche abzusuchen, die den Fischen am meisten Lichtschutz bieten.

Die Montage

Für ein tiefes Fischen mit Köderfischsystemen sind in erster Linie recht schwere Systeme geeignet, wie beispielsweise das Drachkovitch-System in der Gr. 0. Im Gegensatz zum Seesaibling lassen sich die Namaycush-Saiblinge durch grobe Montagen nicht so leicht vergrämen.

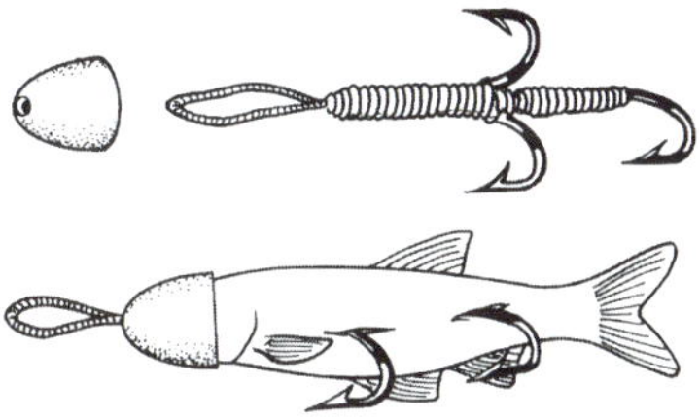

▲ *Klassisches Bleikopfsystem, das in großen Tiefen sehr effektiv ist.*

Die Angelpraxis

Es geht darum, möglichst systematisch alle erfolgversprechenden Unterstände abzusuchen, insbesondere am geröllreichen Fuß großer Steilwände. Die eigentliche Köderführung ist langsam und findet unmittelbar am Grund statt. Erst danach sucht man in den darüberliegenden Schichten. Der erste Fischkontakt erlaubt dann Rückschlüsse auf die richtige Angeltiefe.

Namaycush-Saibling, der auf ein Köderfischsystem gebissen hat. ▶

Der Atlantiklachs

Der König der Fische ist eine der bedrohtesten Fischarten. Er ist ein äußerst zuverlässiger Indikator für die Gewässergüte, der die menschlichen Fehler der Vergangenheit teuer bezahlt! Im November bis Dezember kommt es – nach einem Laichaufstieg, der bis zu 1000 km lang sein kann (heute noch in der Loire und früher im Rhein) – zum Laichgeschäft im Oberlauf der Flüsse. Je nach Fluß bleibt der junge ***Atlantiklachs* (Salmo salar)** *1 oder 2 Jahre im Süßwasser, bevor er sich körperlich erstaunlich verändert: Sein Schuppenkleid wird silbrig-weiß und er wandert in Richtung Ozean ab. In diesem Stadium heißt der Junglachs »Smolt«. Im Mündungsbereich angelangt, macht er sich nun in Richtung Grönland und Färöerinseln auf, wo er sich auf hoher See mästet. Dort verweilt er 1–4 Jahre, worauf er sich auf die Rückreise in seinen Geburtsfluß begibt.*

Mit Würmern

Von vielen Puristen der Fliegenfischerei ist das Wurmfischen auf Lachs nicht gerne gesehen. Bei echtem Hochwasser sind sie aber wohl die einzig sinnvollen Köder. In Großbritannien wird diese Technik an vielen Fliegenfischerstrecken beispielsweise dann toleriert, wenn der Wasserstand zum Fliegenfischen zu hoch ist.

Das Gerät

Auch wenn viele Angler ihre Würmer mit Hilfe der Zweihandfliegenrute anbieten, empfiehlt es sich, auf eine echte Teleskoprute zurückzugreifen. Diese sollte allerdings solide genug gewählt werden, um den Lachsen gebührenden Gegendruck zu bieten. An die Rute kommt noch eine Rolle von ausgezeichnetem Fabrikat (besonders die Bremse), deren Spule mit 200 m Nylonschnur mit 0,26 mm Durchmesser gefüllt wurde. Den Schnurdurchmesser bestimmt die Durchschnittsgröße der Fische. Spezialisten der Tastfischerei auf Lachs fertigen sich ihre Ruten übrigens selbst.

Die Montage

Die effektivste und fängigste Köderführung ist beim Wurmfischen lediglich mit Schnurdurchmessern unter 0,28 mm möglich, denn nur dann treibt der Wurm recht natürlich ab. Am 40 cm langen Vorfach befinden sich 2 Haken der Gr. 1 und 2. Das Blei sitzt auf einem kleinen Seitenarm aus dünnerer Schnur, wodurch das Vorfach an hindernisreichen Stellen weniger oft abreißt. Eine auf der Hauptschnur verteilt angebrachte Beschwerung wird in der Praxis ebenfalls angewandt. Einige Experten schwören auf Wickeldraht aus Blei, der um die Hauptschnur gedreht wird und auf ihr verschoben werden kann. Je nachdem, wie weit man dieses originelle Blei vom Köder entfernt fixiert, treibt der Köder in unterschiedliche Tiefe ab, so daß man ganz gezielt die einzelnen Strömungsadern absuchen kann.

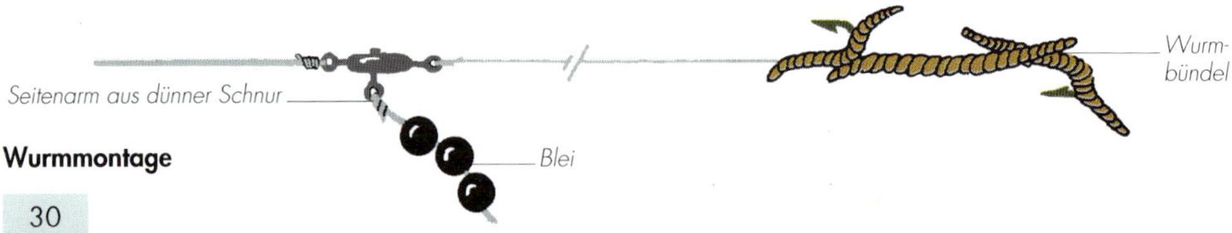

Wurmmontage

Die Köderführung

Sie ist ungemein technisch und sensibel, denn es geht darum, die Würmer auf möglichst natürliche Art mit der Strömung abtreiben zu lassen. Fängig ist diese Technik sowohl in trübem, als auch in klarem Wasser. Begleiten sie die Drift mit der Angel in allen Wasseradern und entlang aller Unterstände, wo sie einen Lachs vermuten. Der Biß kann sich durch eine Reihe deutlicher Rucke bemerkbar machen, aber auch durch ein jähes Stoppen der Drift oder durch eine plötzliche Flucht des Fisches. Achten sie immer auf eine richtig eingestellte Bremse.

Zum Wurmfischen kann man auch eine Zweihandfliegenrute nehmen. ▶

Das Spinnfischen

Das Spinnfischen ist wohl die weltweit gängste Lachstechnik, ganz egal, ob auf den Atlantiklachs oder eine der Pazifiklachsarten. Man muß jedoch wissen, daß es eine ganze Reihe von Strecken gibt, an denen nur das Fliegenfischen erlaubt ist (besonders in Schottland). In der kanadischen Provinz Québec ist das Lachsfischen sogar landesweit nur mit der Fliegenrute zugelassen. Beim Spinnfischen kommen hauptsächlich Spinner und Löffel zum Einsatz. Mit diesen Ködern ist man für die meisten Situationen gut gerüstet.

Das Gerät

Zweierlei bestimmt die Gerätewahl: Die Intensität der Strömung, die die Lachse so gut zu nutzen wissen, und die Durchschnittsgröße der zu erwartenden Fische. Handelt es sich um Großlachse, wie die pazifischen Königslachse oder großwüchsige Stämme von Atlantiklachsen, dann sind die Fische oft um 15 kg schwer. Entsprechend ist eine stabile Spinnrute mit 30–60 g Wurfgewicht ideal, an die eine Rolle kommt, deren Spule mit 200 m Nylonschnur von 0,45–0,50 mm gefüllt wurde.

Der Spinner

Es hat den Anschein, als würden Atlantiklachse eher Löffel bevorzugen, wogegen die Pazifiklachse sehr gut auf Spinner reagieren. In jedem Fall muß die Köderbox des Spinnfischers jedoch beide Blinkermodelle enthalten. Zu den erfolgreichsten Spinnern gehören die weidenblattförmigen Spinner von MEPPS (Größe 3–4), der Blue Fox Gr. 4–5 und das legendäre Flying Condom.

▲▼ Das Flying Condom in zwei Größen; durch die Achsenbeschwerung arbeiten diese Spinner tief.

Mepps-Spinner mit breitem Blatt. ▶

◀ Mepps-Spinner mit länglichem »Weidenblatt«. ▶

Der Löffel

Überall, wo die Strömung zu sehr am Spinner «zieht« – er wird zur Oberfläche gedrückt und arbeitet nicht mehr, wie er es sollte, in Grundnähe – ist ein Köderwechsel angebracht. Einzig mögliche Wahl ist ein Löffel. Sie sollten einen Löffel nehmen, der schwer genug ist, um ohne zusätzliche Bebleiung auszukommen. An einigen Gewässern stehen sehr dünnwandige, leichte Löffel hoch im Kurs, die aber, 1 m oberhalb, mit einer Zusatzbeschwerung versehen werden müssen.

▲ *Großer, amerikanischer Löffel, de zum Fang von Königslachsen verwe wird.*

Dünnwandiger Löffel, der meist zusätzlich beschwert werden muß. ▼

Die Angelpraxis

Der Angler muß im Wesentlichen auf zweierlei achten: Der Löffel oder Spinner muß sich so langsam wie möglich durch die Strömung arbeiten und das in unmittelbarer Grundnähe. Hat man das erst einmal begriffen, dann bleibt der Erfolg nicht aus! Oft wird ein Einholen auch völlig überflüssig, weil der Spinnköder, von der Strömung gepackt, elegant einen Viertelkreis durchs Wasser zieht. Gelegentlicher Bodenkontakt in Form eines Schrammen über den Gewässergrund gibt dem Angler nur die Bestätigung dafür, daß sein Köder in der richtigen Tiefe arbeitet. Beim Biß hat der Angler oft nur den Eindruck, daß der Köder stehenbleibt. Erst der davonpreschende Lachs gibt ihm die Bestätigung.

◀ *Schöner norwegischer Lachs, der das Opfer einer Spinnrute mit Stationärrolle wurde.*

Das Fliegenfischen

Gewiß, die Geste ist herrlich, und von seltener Schönheit, wenn man mit der Zweihandfliegenrute zu Werke geht. Und es gibt kaum einen prachtvolleren Anblick, als den einer imposanten Sammlung klassischer Lachsfliegen! Wir brauchen uns jedoch nicht in übertriebenen Snobismus zu flüchten. Man kann auch völlig unspektakulär Lachs fischen.

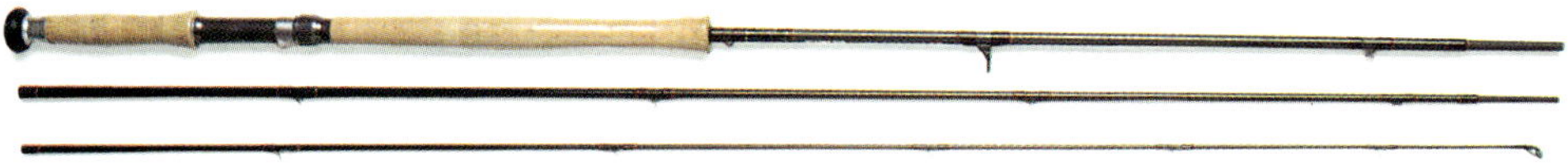

▲ *Eine dreiteilige Zweihandfliegenrute.*

Das Gerät

Während Amerikaner und Kanadier treue Anhänger der Einhandruten sind, schwingen an den klassischen Lachsstrecken Europas die Angler vornehmlich Zweihandruten. Mit ihnen ist das Werfen komfortabler, man kontrolliert die Köderdrift hervorragend und im Drill erlauben diese Ruten ein besseres Lenken des Fisches. Je nach Flußgröße sind sie 12–15 Fuß (3,6–4,5 m) lang, die Rollen verfügen über eine Scheibenbremse und unter der Wurfschnur liegen mindestens 150 m Backing! Einen Amerikaner einen mächtigen Königslachs an einer Einhandrute drillen zu sehen, ist allerdings ein spektakuläreres Ereignis.

Die Wurfschnur

Zum Streamerfischen kommen Sinkschnüre und an besonders tiefen Gumpen schwere Schußköpfe zum Einsatz. In Kanada nehmen die Atlantiklachse gelegentlich auch Trockenfliegen. Hier ist dann natürlich eine schwimmende Wurfschnur angesagt. Ein 2 m langes Vorfach reicht aus.

Fliegenfischen auf Lachs mit einer Einhandrute (Québec; Sainte-Marguerite). ▶

Die Muster

Die Streamer lassen sich grob in drei Kategorien einteilen:

– die bescheiden anmutenden französischen Fliegen aus der Bretagne und Auvergne, die meist aus weichen Fasan- oder Pfauenfedern gebunden werden

– die verschwenderischen, oft farbenprächtigen schottischen Muster

– die amerikanischen Muster, die oft grell und auffällig sind.

▲ Eine ausgezeichnete Trockenfliege auf Lachs, die ein Libellenimitat darstellen soll.

▲ Eine Lachsfliege aus Tierhaaren.

▲ Eine klassischer Streamer aus Québec namens Rusty Rat.

▲▼ Zwei Klassiker aus der Bretagne, die hervorragend arbeiten.

Eine Tubenfliege, wie sie die Norweger gerne verwenden. ▼

▲ Eine prächtige schottische Lachsfliege, die Jock Scott.

▲ Ein Bomber, wie ihn die Amerikaner und Kanadier beim Trockenfliegenfischen einsetzen.

DIE ANGELPRAXIS

Die Pools werden stromab durchgekämmt. Der Angler wirft dabei das gegenüberliegende Ufer an und läßt dann seine Fliege ein wenig abtreiben, um ihr Gelegenheit zum Sinken zu geben. Gibt er keine Schnur mehr nach, strafft sich diese und von der Strömung erfaßt, schwingt der Streamer an ihrem Ende quer durch den Pool. Der Biß macht sich durch ein jähes Stoppen bemerkbar. Experten schwören darauf, den Anhieb leicht verzögert zu setzen. Nach jedem Wurf macht der Angler einen kleinen Schritt stromab, wodurch er systematisch jeden erdenklichen Lachsunterstand absucht.

Diesem Lachs wurde eine Fliege zum Verhängnis. Gelandet wurde er mit einem speziellen Instrument, dem Tailer. ▶

Die Alse

In Europa, genauer gesagt in Frankreich, feiert **die Alse (Alosa alosa)** *ein großes Comeback. Während sie in Deutschland nur mehr eine Zufallserscheinung ist, wurden an Dordogne und Garonne ursprüngliche Laichgebiete durch Fischtreppen über Dämme und Wehre wieder zugänglich gemacht – und prompt explodierten die Bestände förmlich! Maifische, wie die Alsen auch genannt werden, leben im Meer und wandern im Mai/Juni die Flüsse hinauf, um dort im Süßwasser zu laichen. Die Fischerei findet anläßlich der Laichwanderung statt. An der Rute sind es herrliche Kämpfer, die Lachsen in nichts nachstehen! Europaweit steigen drei Alsenarten auf. Die Großalse* (Alosa alosa) *wandert am weitesten. Die Finte* (Alosa finta) *steigt kaum über die Brackwassergrenze auf, sie ist nur halb so groß wie die Großalse. Die Mittelmeeralse* (Alosa finta rhodanensis) *gedeiht im Mittelmeer und steigt in einige Flüsse des Mittelmeerraumes auf. Die größten sind Rhône und Po.*

Mit der Fliegenrute

Diese Technik ist nicht unbedingt die fängigste, aber bestimmt die schönste! Darüber hinaus ist das Fliegenfischen für Lachsangler ein ausgezeichnetes Training, bei dem sie ihre Reflexe schulen können.

Die Muster

Die Alsenfliegen weisen alle bestimmte Charakteristika auf: Es handelt sich um große, zusätzlich beschwerte Streamer. Die Maifische der Dordogne scheinen ein Faible für rötliche Farbtöne zu haben, die der Garonne für bläuliche. Die meisten Alsenfliegen werden auf Haken der Gr. 6–8 gebunden und erinnern von ihrer Form her vage an Garnelen (Seite 35). Im Meer gehören diese Tierchen zur bevorzugten Beute der Alsen. Ähnlich wie beim Lachs kommt es allerdings nicht auf ein genaues Imitieren an, denn

◄ *Phantasiefliegen für Alsen.* ►

◄ *Zwei Alsennymphen mit beschwertem Kopf.* ►

Das Gerät

Es muß ausreichend robust sein, um die vehementen Fluchten und Sprünge der Alsen auszuhalten. Die meisten Angler stellen den Alsen mit der Einhandfliegenrute nach. Die Ruten sind meist 9 Fuß (2,7 m) lang und auf eine Wurfschnur der Klasse 8 ausgelegt. Meines Erachtens macht es aber Sinn, mit einer längeren Rute zu fischen. Zweihandruten von 12–13 Fuß (3,6–3,9 m) sind ideal, weil mit ihnen eine hervorragende Kontrolle der Köderführung möglich ist, während das Werfen selbst zu einer komfortablen Angelegenheit wird. Auch ist das Drillgefühl, das ein solches Gerät vermittelt, unvergleichlich.

nläßlich ihrer Laichwanderung stellen die lsen jegliche Nahrungsaufnahme ein und eißen nur mehr aus Reflex.

So kommt es, daß sich früher oder spä-
ɜr mit Mustern jeder Farbe Alsen angen lassen.

Alsennymphe. ▶

Alsen-
nymphe. ▶

Die Wahl der Wurfschnur

Je nach Schnurklasse sollte auf ein Modell mit sinkender Spitze zurückgegriffen werden. An das Ende der Wurfschnur kommt noch ein 1,5–2,5 m langes Vorfach aus 0,25–0,30 mm dicker Nylonschnur.

Die Angelpraxis

▲ Dieser Alsenstreamer imitiert ein Fischchen oder eine Garnele.

Zunächst fischt man den Streamer möglichst grundnah. Wenn die Spinnfischer manchmal erfolgreicher als die Fliegenfischer sind, dann liegt das im wesentlichen daran, daß ihre Köder meist näher am Grund laufen. Anfänger lassen sich nämlich von an der Oberfläche »furchenden« Alsen dazu verleiten, zu hoch zu fischen, was ein Fehler ist. Eine zusätzliche, vor dem Streamer angebrachte Beschwerung (Lead Core oder Spaltblei) hilft dabei, den Streamer auf die richtige Tiefe zu bekommen. Die Anhiebe bringt man in erster Linie dann erfolgreich zum Fisch durch, wenn die Wurfschnur gestreckt ist und ohne Bauch im Wasser liegt. Über Wippbewegungen mit der Rutenspitze und Zupfer an der Wurfschnur, haucht man dem Streamer noch zusätzlich Leben ein, wodurch er eher die Aufmerksamkeit der Maifische weckt. Der Biß macht sich oft nur als leichter Zug bemerkbar und ist in der Regel kaum wahrnehmbar. Dennoch ist ein augenblicklicher Anhieb unerläßlich, der sofort mit einer spektakulären Flucht mit Sprungeinlagen quittiert wird! Das Maulinnere der Alsen besteht aus harten Knochenplatten und weichem, dünnen Hautgewebe, so daß viele Fische im Drill »aussteigen«.

▲ Krebsimitation.

◀ Diese Nymphe verfügt über schwere Bleiaugen als Beschwerung.

Dieser Alse wurde eine Fliege zum Verhängnis. ▶

Einige Tinselfibern machen jede Alsenfliege attraktiver. ▼

Das Spinnfischen

Das Spinnfischen ist die Technik der großen Mehrzahl der Alsenfischer. Grund dafür i wahrscheinlich, daß diese Technik recht problemlos zu erlernen ist: Es genügt, die Alse pools tief und systematisch durchzukämmen.

Das Gerät

▲ *Alse, die mit der Spinnrute gefangen wurde.*

Die Wahl der richtigen Rute ist nicht ganz einfach, denn sie braucht ordentlich Rückgrat (15–30 g Wurfgewicht), um den spektakulären Fluchten zu kontern, muß aber dennoch sensibel genug sein, um auch kleinste Köder weit werfen zu können. Unter den Raubfischruten findet man die richtigen Modelle in jenen Rutenserien, die zum Fischen mit Weichplastikködern entwickelt wurden. Zu steife Ruten sollte man ausschließen. Die Rolle braucht eine funktionierende Bremse und sollte mit 150 m Nylonschnur von 0,26–0,28 mm gefüllt werden.

Die Kunstköder

Als Kunstköder kommen nur sehr kleine Modelle in Betracht. An der Garonne fischen die Einheimischen gerne mit einem winzigen, silbernen Löffel, während an der Dordogne vornehmlich kleine Spinner (Gr. 1 oder 2, mit silbernem Blatt und schwarzen Punkten) zum Einsatz kommen.

Einige Angler berichten von überraschenden Ergebnissen, die sie mit jenen dünnwandigen Löffel erzielten, die beim Schleppfischen auf Seesaiblinge manchmal zum Einsatz kommen. Diese Löffel schillern prächtig und arbeiten schon bei geringsten Zug herrlich!

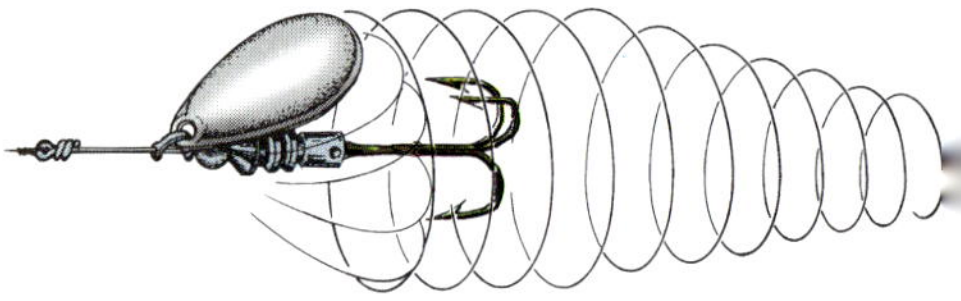

▲ *Je nach Form dreht das Spinnerblatt mehr oder weniger eng um die Spinnerachse.*

Die Montage

Am besten greift im harten Alsenmaul immer ein Einzelhaken. Achten sie darauf, daß letzterer auch immer optimal scharf ist. Die Bebleiung der Montage hängt von der zu befischenden Tiefe ab.

Ideal ist hierzu ein Spaltblei, das oberhalb des Köders auf die Schnur geklemmt wird. Ziel ist es, den Köder immer in unmittelbarer Grundnähe arbeiten zu lassen, wozu auch gelegentlicher Bodenkontakt gehört.

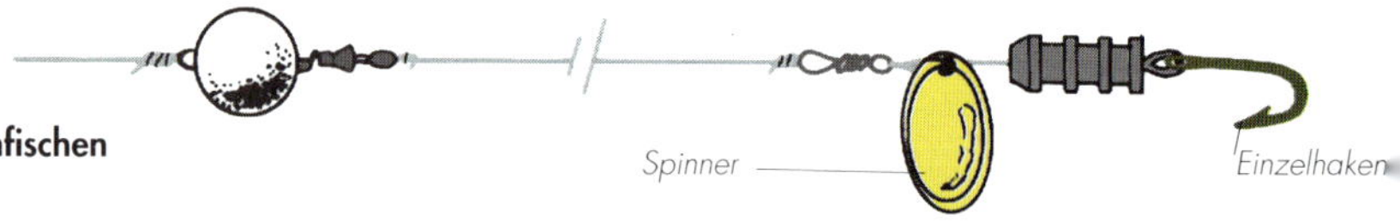

Montage zum Spinnfischen auf Alsen

Die Angelpraxis

Der Angler holt so langsam wie möglich ein, das Spinnerblatt soll gerade einmal mit dem Drehen beginnen. Ganz wesentlich ist, beim Einholen gelegentlichen Kontakt mit dem Grund zu bekommen, der Köder muß auf ihm »kratzen«. Im Drill kommen erstaunlich viele Alsen wieder vom Haken ab, wobei ihnen ihre frenetischen Sprünge helfen!

Die Renke

enken (Coregonus lavaretus) *sind bei uns die klassischen Freiwasserbewohner der roßen Seen. Ihr eigentliches Zuhause hat diese Fischart jedoch weiter nördlich, eispielsweise in den Seen Skandinaviens. Ihr winziges Maul läßt auf einen peiseplan schließen, der aus winzigen Larven und Wirbellosen besteht.*

Die Renkenhegene

Zum Hegenefischen auf Renken kommen sehr kurze und leichte Ruten zum Einsatz. Diese Ruten sind höchstens 1,5 m lang und haben eine ausgeprägte Spitzenaktion. Die Köder nüssen zum winzigen Maul der Renken passen.

Die Naturköder

Kleine Köder sind angesagt, beispielsweise Zuckmückenlarven, Köcherfliegenlarven oder zur Not auch Bienenmaden.

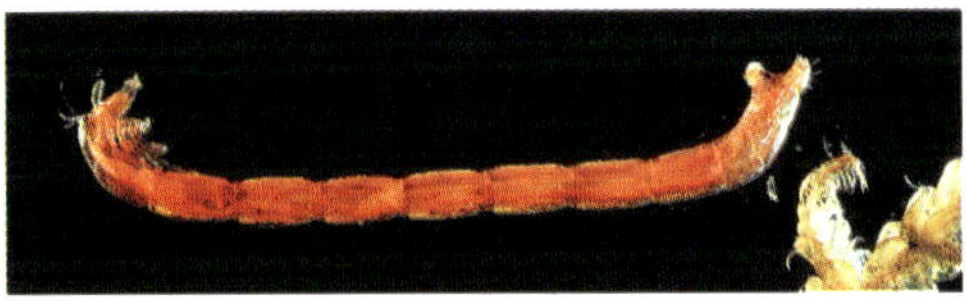

▲ *Zuckmückenlarven sind bei den Renken heißbegehrt.*

Die Kunstköder

Die gängigsten Kunstköder sind beim Renkenfischen die Nachbildungen von Zuckmückenlarven. Dabei kann es sich einfach um ein kleines rötliches Schlauchstück mit 2 mm Durchmesser handeln, das auf den Haken gezogen wird. Oder man fertigt sich eine akkuratere Imitation an. Die Hakengrößen liegen zwischen Gr. 10 und 16. In den großen Alpenseen garnieren einige Renkenfischer die Hakenspitzen noch zusätzlich mit einer zappeligen Made.

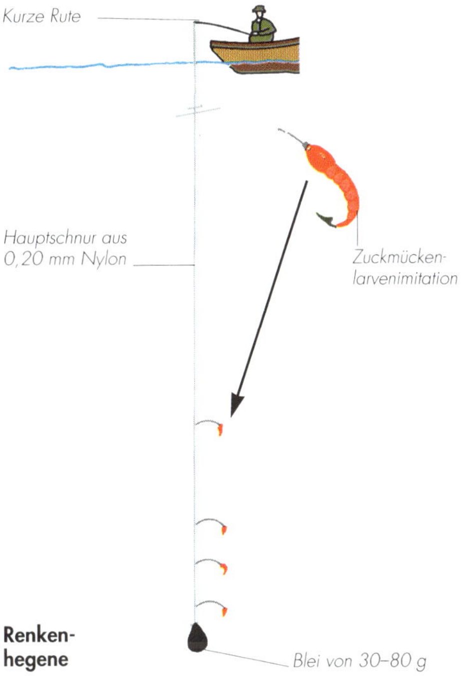

Renken-hegene

Die Montage

Die Hauptschnur besteht aus Nylonschnur mit 0,20 mm Durchmesser, an deren Ende ein Blei von 30–80 g hängt. An die Hauptschnur kommen mehrere, 5–6 cm lange Seitenarme, deren Durchmesser zwischen 0,14 und 0,16 mm liegt. Je nach Gesetzgebung sind 3–6 Seitenarme gestattet.

Die Angelpraxis

Die Hauptschwierigkeit besteht darin, die Renkenschwärme zu orten. Das Blei wird dann bis auf den Grund hinabgelassen, worauf der Angler die Montage immer wieder um 1 m sanft anhebt und absenkt. Dabei muß der Angler auf den leichtesten Ruck in der Rutenspitze achten und den Biß augenblicklich mit einem Anhieb quittieren.

Die Raubfische

Der Hecht

Mit seiner scharfkantigen Silhouette und seinem gespaltenen Maul mit über 700 Zähnen ist ***der Hecht (Esox lucius)*** *hervorragend an die Lebensbedingungen eines ständig auf der Lauer liegenden Jägers angepaßt. Dieser Raubfisch hat einen im ganzen recht bescheidenen Appetit, denn er konsumiert jährlich an Fischen nur die achtfache Menge seines eigenen Körpergewichts. Indem er kranke oder schwächliche Beutefische bevorzugt, trägt er zum Gleichgewicht der Weißfischpopulationen und deren Gesundheit bei. Das bronzen-grüne Kleid verleiht dieser Fischart eine perfekte Schutztracht! Die größten Hechte, die immer Rogener (weibliche Fische) sind, können beeindruckende Körpermaße und ein Gewicht von bis zu 20 kg erreichen! Die Art kommt in zahlreichen Gewässern vor, insbesondere ruhigen Flußströmen, Seen und bepflanzten Teichen.*

Das Fliegenfischen

Der lange Zeit von den Fliegenfischern nur geringgeschätzte Hecht gilt heute als die ideale Beute für das Fliegenangeln. Ein großer Streamer kann in der Tat nicht nur die Gier des Hechts wecken, sondern ermöglicht gleichzeitig mit seinem Krautschutz die Erkundung von unübersichtlichen Stellen mit viel Vegetation, wo herkömmliche Techniken versagen. Die Fliege ist vor allem im Sommer wirksam, wenn der Fisch in geringer Tiefe zwischen den Wasserpflanzen auf Jagd geht. Im allgemeinen arbeitet die Fliege in Teichen oder Flüssen erfolgreicher als beispielsweise in Stauseen. Sie kann jedoch auch im Winter oder in der Übergangszeit etliche Fische bescheren, vor allem wenn der Hecht bei Hochwasser an den Uferböschungen Schutz sucht.

Die Angelpraxis

Man kann entweder auf Sicht einen bestimmten Sektor beangeln oder alle aussichtsreichen Standplätze erkunden. Dabei sollte man im Sommer sämtliche bewachsene Korridore, Schilfränder und Zonen inmitten von Seerosen gründlich erforschen, kurzum alle Stellen, vor denen andere Angler zurückschrecken. Geführt wird der Streamer mit Rucken an der Wurfschnur. Der Streamer bewegt sich sanft auf und ab, scheint die Flucht zu ergreifen und sogar abzutauchen. Seine Haare oder Federn blähen sich auf oder flachen sich je nach Köderführung ab, die schließlich in leichte Zitterbewegungen auf der Stelle und abrupte Seitenausschläge übergeht. Der Biß macht sich durch einen jähes, deutlich spürbares Innehalten der Schnur bemerkbar, auf das mit einem starken Anschlag reagiert wird, der dem Raubfisch die Schnauze verschließt.

Die Erkundung von Uferböschungen macht sich immer bezahlt, wenn man den Hecht mit der Fliege beangelt. ▶

Die Schnurwahl

Für die Erkundung oberer Wasserschichten genügt eine schwimmende Schnur in Keulenform. Zur Erkundung tiefer Zonen sind Sinkschnüre oder Schnurtypen mit sinkender Spitze vorzuziehen.

Manche Schnüre, wie dieses Modell von Cortland, wurden eigens für den Hechtfang entwickelt. ►

Die Modelle

◄ *Ein Streamer aus Hasenfell verziert mit Tinsel.*

Für den Hechtfang werden in der Regel Streamer in den drei Hauptfarben Rot, Weiß und Blau verwendet sowie in einigen anderen Farbvarianten (beispielsweise mit Tinsel), die das silbrige Schuppenkleid der Futterfische nachahmen sollen. Sie müssen vor allem robust sein. Alle Verbindungsstellen sollten mit wasserfestem Klebstoff gesichert sein, da ansonsten der Köder nur einen Fang überstehen würde, vor allem wegen der scharfen Zähne des Raubfisches. Zu Saisonbeginn, wenn noch kühle Wassertemperaturen vorherrschen, kann die Farbe Gelb unentbehrlich sein. Ausschlaggebend ist ebenfalls die Wahl des richtigen Materials: In stehenden oder langsam fließenden Gewässern werden Federn bevorzugt, für Fließgewässer ein Haarkleid.

▼ *Streamer mit Krautschutz für das Hechtangeln.*

▲ *Fliegen für den Hechtfang, entworfen von Daniel Sabatini, einem Spezialisten auf diesem Gebiet.*

▼ *Ein Streamer aus Hasenhaar verziert mit Tinsel.*

Die Montage

Das Vorfach ist kurz und degressiv. Geeignete Schnurstärken für ein exzellentes Vorfach zum Angeln in geringen Tiefen sind: beginnend bei 60 cm Schnurlänge von 0,40 mm Stärke, über 60 cm von 0,35 mm und 50 cm von 0,30 mm, zu 80 cm von 0,26–0,28 mm. Für das Befischen größerer Tiefen reicht ein Stück 0,28 mm Nylonschnur als Vorfach aus. Wegen der scharfen Hechtzähne kommt an das Ende noch ein Stahlvorfach. Der Haken ist ein wichtiger Bestandteil der Montage. Die Fliegen für das Angeln auf Hecht werden auf einen Haken Gr. 1/0–2/0 mit einem langen Schaft (5 cm) gebunden. Japanische Haken des Typs Gamakatsu zählen neben Tiemco-Haken zu den besten.

Das Gerät

Man wählt eine speziell für den Fang von Raubfischen ausgelegte Rute unter den wenigen derzeit im Handel erhältlichen Modellen. Einige amerikanische Marken, wie Sage und Fewick, bieten hervorragende, zu den Schnüren Gr. 7–8 passende Ruten an, die über genügend Reserve verfügen. Man sollte einer Rute mit Spitzenaktion den Vorzug geben. Eine manuelle Rolle, bestückt mit einer hochwertigen Bremse, macht die Ausrüstung komplett.

SPINNFISCHEN MIT OBERFLÄCHENKÖDERN

Die in Nordamerika und Kanada sehr häufig verwendeten Oberflächenköder finden heute in Mitteleuropa eine noch kleine Anhängerschaft. Um sich von ihrer Wirksamkeit zu überzeugen, genügt es, einfach die Natur zu beobachten. An den ersten schönen Tagen des Jahres und später in der sommerlichen Hitze, halten die Hechte sich gerne zwischen an der Oberfläche wachsenden Pflanzen auf. Die Wasserpflanzen spenden große Mengen an Sauerstoff, an welchem es mangelt, sobald das Wasser sich erwärmt. Andererseits tummeln sich Küken von Enten und Wasserhühnern, Frösche und Molche in dem Vegetationsdickicht am Ufer... und bieten so dem Hecht zahlreiche Gelegenheiten, sich satt zu fressen! Das Angelgerät ist das gleiche wie für den Fang mit toten Köderfischen.

Der Big-Big

Big-Big und andere künstliche, mit einem Propeller versehene Kunstköder sind gute Hechtköder, die im Sommer zur Erkundung von Zonen mit Wasserpflanzen und Uferböschungen sowie allen Pflanzengürteln am Ufer eingesetzt werden. Der Köder wird in die Nähe eines Hindernisses geworfen, woraufhin man ihn einige Sekunden lang nicht bewegt, bevor man schließlich mit ruckartigen Zügen einzuholen beginnt.

▲ Big-Splash.

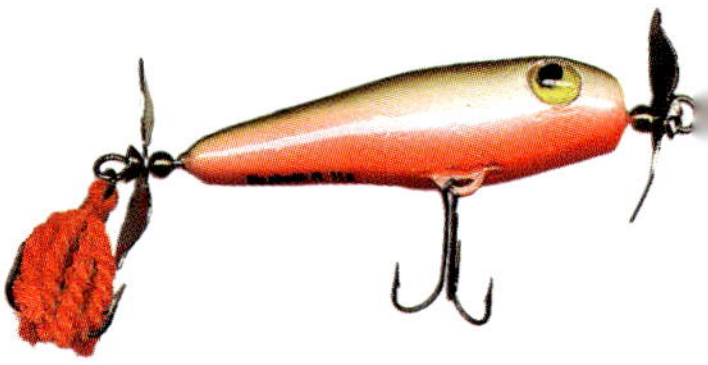

Big-Big. ►

Der Big-Bomb

Es handelt sich hierbei um eine Kombination aus Vibrationen, die vom Propeller ausgesandt werden, und Wasserspritzern, die durch den abgeschnittenen Kopf erzeugt werden. Das Präsentieren ist von Pausen unterbrochen, in denen der Köder hin- und herbewegt wird.

Big-Bomb. ►

Die Wobbler

◄ Rapala SSR.

▲ Rapala-Köder.

Rapala Magnum. ►

Zu den bekanntesten gehören die Rapalas, die beim Zug an der Schnur eintauchen. Die Köderführung erfolgt durch Züge an der Schnur, Lockern der Schnur und Seitwärtsbewegungen (siehe Abbildung), um so abrupte Richtungsänderungen des Köders einzuleiten; des weiteren wird mit sehr unregelmäßiger Geschwindigkeit eingeholt.

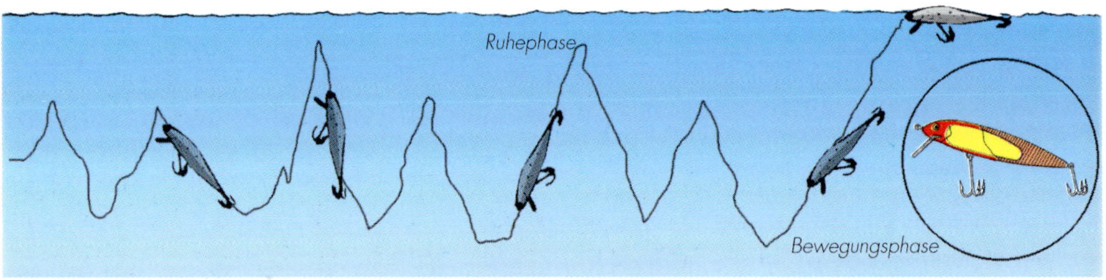

Köderführung bei Blinkern

DAS KÖDERFISCHSYSTEM

Für die Erkundung großer Tiefen bleibt der tote Köderfisch sicherlich eines der besten Instrumente, um sehr große Hechte zu fangen, die sehr wählerisch geworden sind und ein gewisses Mißtrauen gegenüber allem entwickelt haben, was aus Eisen ist und ständig ihre Schlupfwinkel passiert.

Die Systeme

Es gibt zahlreiche Modelle, die den Hechtangler vollends zufriedenstellen, an erster Stelle das Drachkovitch-System. Wichtig: der Hecht scheint die schwebende Bewegung eines toten Baumblattes den Kapriolen des Drachkovitch-Systems vorzuziehen. Eine Lösung besteht darin, den Schaft des Systems zu beschweren und eine leichtere Bleibeschwerung am oberen Ende anzubringen, so daß die Gewichte besser verteilt sind. Man kann auch ein großes Modell eines klassischen Bleikopfsystems verwenden. Ein großer Köderfisch wird die größten Hechte zum Anbeißen verleiten. Ein stählernes (mikroverdrahtetes) Vorfach ist in der Regel unabdingbar. Wenn man allerdings ein möglichst natürliches Spiel des Köders erzielen will, sollte man ein mit Kevlar ummanteltes Stahlvorfach oder einfach nur Kevlar verwenden, das noch elastischer ist. Die Länge des Vorfachs muß 40 cm betragen.

◄ *Ein Bleikopfsystem, an welchem der tote Köderfisch im Wasser taumelnd geführt werden kann.*

Der tote Köderfisch

Er sollte eine Durchschnittsgröße von 15 cm aufweisen, es sei denn der Raubfisch beschränkt seine Attacken auf Setzlinge, die nicht größer als 5–6 cm sind, wie das Ende August der Fall ist. Rotaugen besitzen sicher den besten Halt auf der Montage, wenngleich ihr Schuppenkleid weniger glänzt als das der Lauben. Die Blicke ist gut geeignet, denn ihr abgeplatteter Körper liegt »schwebend« im Wasser. Für den Fall, daß es an lebenden Köderfischen mangelt, gibt es Firmen, die solche Fische in hervorragender Qualität vakuumverpackt anbieten.

DAS GERÄT

Eine 2,70 m lange Rute mit Spitzenaktion ist unabdingbar. Sie muß mit einer Stationärrolle mit einstellbarer Bremse versehen sein. Der Durchmesser variiert von 0,28 mm für vegetationsfreie Unterstände, bis 0,35 mm, wenn man Zonen mit vielen Hindernissen erkundet oder es mit größeren Fischen von über 7,5 kg zu tun hat.

DIE ANGELPRAXIS

Man läßt die Montage langsam auf den Grund sinken, wobei man auf jedes anormale Ausscheren der Schnur zur Seite achtet, das einen Angriff während des Absinkens bedeuten kann. Sobald der Fisch die gewünschte Tiefe erreicht hat, wird die Rutenspitze mit einer kurzen Bewegung angehoben, woraufhin man den Köder unter Betätigung der Kurbel wieder abwärts gleiten läßt. Diese Köderführung ist begleitet von seitlichen Ausschlägen, ruckartigem Anziehen und Loslassen der Schnur während des Absinkens. Dabei sollte man dem Köder eine möglichst taumelnde Schwimmbewegung verleihen. Die Erkundung muß langsam und mit Methode erfolgen. Während der Biß eines Fisches mittlerer Größe häufig frei heraus erfolgt und gut wahrnehmbar ist, verhalten sich größere Individuen bei der Attacke manchmal sehr unauffällig. Es sei nochmals darauf hingewiesen, daß jede unnatürliche Schnurbewegung, das kleinste Anzeichen eines Bisses den sofortigen Anhieb auslösen muß, da der Hecht den Köder schnell wieder ausbläst.

▲ *Fischen am Lac de Garabit im Cantal, Frankreich.*

Der lebende Köderfisch

Auch die mißtrauischsten Hechte fallen eines Tages der Anziehungskraft eines geschickt präsentierten, lebendigen Köders zum Opfer, was logisch erscheint, da kleine Fische zur täglichen Mahlzeit dieses Raubfisches gehören. Außerdem bevorzugt der großmäulige Raubfisch auf der Nahrungssuche schwache oder kranke Fische, die von einem in seiner Bewegungsfreiheit eingeschränkten lebenden Köderfisch perfekt nachgeahmt werden, da er am Haken gefangengehalten wird. Mit dieser Technik kann man auch sehr verkrautete Unterstände erkunden und den Köder inmitten des Astwerks, wo sich die größten Hechte verstecken, anbieten.

Die besten lebenden Köder

Das Rotauge gehört zu den am meisten verwendeten Köderfischen. Es ist sehr lebhaft, widerstandsfähig, und sein Schuppenkleid ist schon von weitem sichtbar. Die Schleie und der Gründling sind ebenfalls geeignet, vorausgesetzt, sie sind an einer Posenmontage befestigt, die sie 20–30 cm über dem Grund treiben läßt. Diese Köderfische werden in einer solchen Situation verzweifelt versuchen, sich am Grund zu verstecken, wobei sie Bewegungen ausführen, die sehr attraktiv auf den Hecht wirken. Allerdings dürfen sie nicht unmittelbar auf dem Grund abgesetzt werden, da sie so der Aufmerksamkeit des Raubfisches entgehen. Ein kleiner Jungkarpfen, eine Laube oder ein Döbel eignen sich ebenfalls am Ende des Sommers. Abgesehen von dem letzten, besonderen Fall sollte man jedoch einen Lebendköder von mindestens 15–20 cm anbieten gemäß der Fangregel: »Ein großer Köder für einen großen Hecht!«

Die Montagen

Es gibt mehrere Montagetypen mit Segelpose, die sehr nützlich für das Befischen großer Seen bei starkem Wind sind. Ein Stahlvorfach (50 bis 60 cm lang) ist in Anbetracht des scharfen Gebisses des Hechts unabdingbar. Je nach Tiefenverhältnissen verwendet man für geringe Tiefen eine Gleitpose mit Längsachse und für mittlere bis große Tiefen eine Gleitpose, die je nach Ködergröße mit einem 5–20 g schweren Olivenblei bestückt ist. Ein mit einer Bleibeschwerung versehener lebender Köderfisch kann an sehr verkrauteten Stellen, zum Beispiel inmitten treibenden Astwerks, ruhig gestellt werden. Die englischen Montagen mit Antitangle-Röhrchen und Beschwerung an einem Seitenarm gehören zu den wirksamsten, denn sie sind unauffälliger.

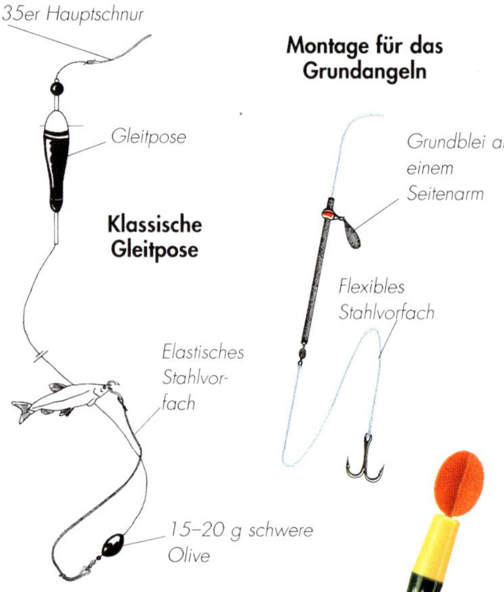

Segelpose, sehr nützlich zur Erkundung im See auf große Distanzen, vorausgesetzt der Wind weht aus der richtigen Richtung! ▶

Die Beköderungsarten

Es gibt zwei Typen: solche für ein sofortiges Anhauen an sehr verkrauteten Stellen und jene für das Befischen sehr wählerischer Fische, die einen verzögerten Anhieb ermöglichen. Letztere bestehen in der Regel aus nur einem Doppel- oder Drillingshaken, der am Rücken befestigt wird.

▲ Ködersystem für ein sofortiges Anhauen.

Die Angelpraxis

Das Angeln erfordert höchste Diskretion, insbesondere während der Annäherung an die Standplätze. Bewegungen am Ufer sollten behutsam und geräuschlos erfolgen, da der Hecht jede Vibration wahrnimmt. Der Köder wird unweit eines Standplatzes nahe beim Hindernis abgesetzt. Beim Ausbleiben eines Bisses ist es ratsam, verschiedene Tiefen zu erkunden, und man sollte nicht zu lange an demselben Standplatz verharren.

Das Spinnangeln mit Metallködern

Metallköder wurden nach und nach von toten oder lebenden Köderfischen und auch den neuartigen Weichplastikködern und Wobblern verdrängt. Dennoch kann ein geschickt angebotener Blinker sehr wohl die Aggressivität eines Hechts auslösen, zuweilen noch besser als irgendein ein anderer Köder.

Die Spinner

Optimal sind die Spinner, welche bei niedrigen Einholgeschwindigkeiten ein Höchstmaß an Vibrationen aussenden. Das Spinnerblatt muß sich bei dem geringsten Zug und beim Absinken zu drehen beginnen. Um große Fische anzulocken, sollte man Modelle mit breitem Spinnerblatt verwenden (Gr. 3–5), das sich unregelmäßig, weit von der Achse entfernt dreht.

Einem großen Spinner zum Opfer gefallener Hecht. ▶

Das Gerät

Eine robuste, 2,50 m lange Spinnrute der Stärke 20–40 g ist ausreichend. Sie sollte eine Stationärrolle besitzen, deren Spule, je nach Verkrautung des Standplatzes und der vermuteten Fischgröße, mit einer 250 m langen 26er bis 35er Schnur bestückt ist.

◀ *Ein schönes Ködersortiment!*

Die Löffel

Die gewundene Fortbewegungsweise eines Löffels übt auf den Hecht eine große Anziehungskraft aus, da dadurch ein kleiner Fisch im Todeskampf nachgeahmt wird. Allerdings sollte das Anbieten abwechselnd in Form abrupter Beschleunigungsbewegungen, gefolgt von Schnurgeben und Seitwärtsbewegungen vonstatten gehen.

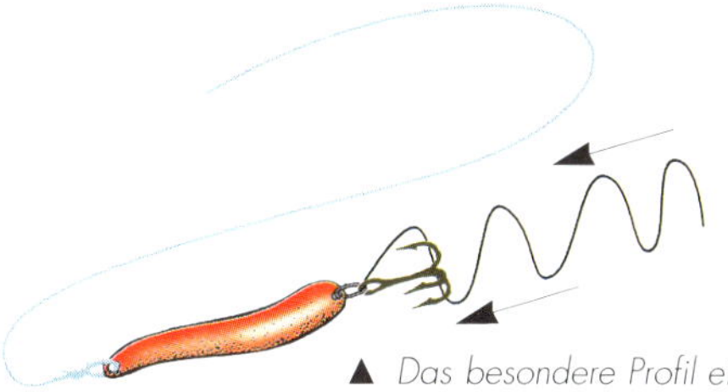

▲ *Das besondere Profil eines Löffels bestimmt seine Fortbewegung.*

Die Angelpraxis

Der Spinner wird in die Nähe aller potentiellen Standplätze, insbesondere unweit von Hindernissen, geworfen. Im Winter und an heißen Sommertagen muß das Einholen sehr langsam erfolgen. Abrupte Beschleunigungen, brüskes Lockern der Schnur und Seitenausschläge der Rutenspitze erhöhen die Attraktivität des Köders.

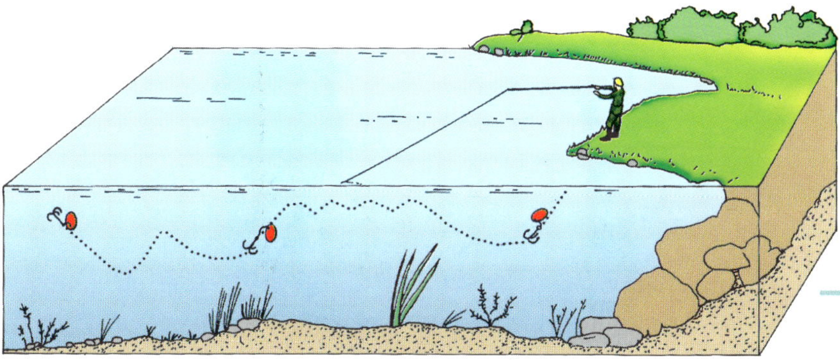

Der Zander

Der Bestand dieses aus Osteuropa stammenden Raubfisches hat in mitteleuropäischen Gewässern in den siebziger Jahren rasant zugenommen. Heute scheint die Zunahme seiner Populationen allerdings abgebremst zu sein. **Der Zander (Stizostedion lucioperca)** *besitzt zwei voneinander getrennte Rückenflossen, von denen die erste spitze Flossenstrahlen aufweist. Die Flanken zeichnen sich durch schwarze Punktreihen aus. Dieser Raubfisch ernährt sich ausschließlich von kleinen Fischen, denen er gerne, vor allem im jugendlichen Alter, im Rudel nachstellt. Sein Sauerstoffbedarf ist höher als der des Barsches. Er ist in den Mittel- und Unterläufen der Flüsse und in zahlreichen stehenden Gewässern anzutreffen.*

Die Fliege

Das Angeln auf Zander mit der Fliege ist ohne Zweifel heikler als der Fang anderer Raubfische, aus dem einfachen Grund, daß er eher in der Tiefe patrouilliert, und zwar an Stellen, die für die Fliegenrute unzugänglich sind. Dennoch jagt er in der schönen Jahreszeit auch in den Flußströmungen und nähert sich bei Hochwasser den Ufern.

Die Modelle

Die Modelle für den Zanderfang sind weniger voluminös als die auf den Hecht beschränkten und ähneln eher den für die Forelle bestimmten Fliegen, wobei ihre Größe nicht über 10 cm liegen darf. Teils weiß gefärbte Tinselstreifen scheinen die besten Resultate zu erzielen, gefolgt von Blau und Gelb. Das Tinsel kann auch durch Krystal Flash ersetzt werden.

▲▼ *Die oft sehr kolorierten Streamer für das Angeln auf Zander besitzen ein geringeres Volumen als die für den Hechtfang verwendeten Modelle.*

Die Angelpraxis

Soweit der Zander nicht am Ufer nach Beute jagt, wird er in Flüssen systematisch mit der Fliege, im Sommer am besten in den Dämmerungsstunden, befischt.
Die Methode ist in diesem Fall die gleiche wie beim Angeln auf Lachs mit einem Wurf quer über die Strömung oder leicht stromab, worauf man den Köder langsam über den Grund treiben läßt.
Im allgemeinen wandert man den Flußlauf stromab und erhöht die Anzahl der Würfe (ungefähr jeden Meter ein Wurf), wobei insbesondere die unmittelbare Umgebung von Hindernissen befischt wird. Natürlich ist eine sinkende Schnur unabdingbar.

Die Fliege eignet sich besonders zur Erkundung von Sektoren mit geringer Tiefe, die vom Zander nach Einfall der Dämmerung aufgesucht werden. ▶

Das Köderfischsystem

Diese von Albert Drachkovitch entwickelte Technik ist mit Abstand die beliebteste unter den Zanderanglern. Wenngleich heute einige unter ihnen eher das Zupffischen praktizieren, bleibt der tote Fisch dennoch der beste Köder zum Befischen tiefer Gewässer, Kiesgruben und Stauseen.

Das Gerät

▲ *Die Ruten für Köderfischsysteme sind immer steif und besitzen eine Spitzenaktion.*

Zahlreiche Hersteller bieten Rutenmodelle an, die speziell für das Angeln mit einem Köderfischsystem ausgelegt sind. Sie sind sehr rigide und weisen eine Spitzenaktion auf, die unentbehrlich ist, um das System in der Tiefe akurat führen zu können. Außerdem ermöglichen sie den Anhieb auch auf größere Entfernungen. Die erforderlichen Längen betragen 2,50–2,70 m für das Angeln vom Boot aus und 3–3,50 m, wenn man vom Ufer aus angelt

Die Schnur

Die fluoreszierende Schnur ist unentbehrlich zur Wahrnehmung sehr unauffälliger Anbisse, die sich manchmal durch eine leichte Bewegung der Schnur ankündigen. Der Durchmesser muß mindestens 0,24 mm betragen. Kleinere Durchmesser können zu Fehlschlägen beim Anhieb führen.

Geflochtene Schnüre ersetzen heute zunehmend einfache Nylonschnüre. Die Gründe: Einerseits ermöglicht das Fehlen von Elastizität die perfekte Wahrnehmung eines anormalen Festhakens der Schnur in einer Entfernung von mehreren Dutzend Metern; andererseits überträgt dieser Schnurtyp einwandfrei die Rutenbewegungen auf das System und weist zudem eine höhere Resistenz als das Nylon auf!

Eine derartige Solidität hat auch Nachteile: Man darf niemals mit blockierter Rolle angeln, ansonsten riskiert man schnell einen Rutenbruch.

Die Systeme

Zwei Systeme sind empfehlenswert: das Drachkovitch-System mit austauschbarer Bleibeschwerung, die mit der Schnur verbunden ist, und das System mit schwimmendem Kopf.

Zwei Köderfischsysteme für tote Fische:
1. Drachkovitchsystem mit auswechselbarer, gelenkig angebrachter Beschwerung
2. System mit Bebleiung der Längsachse.

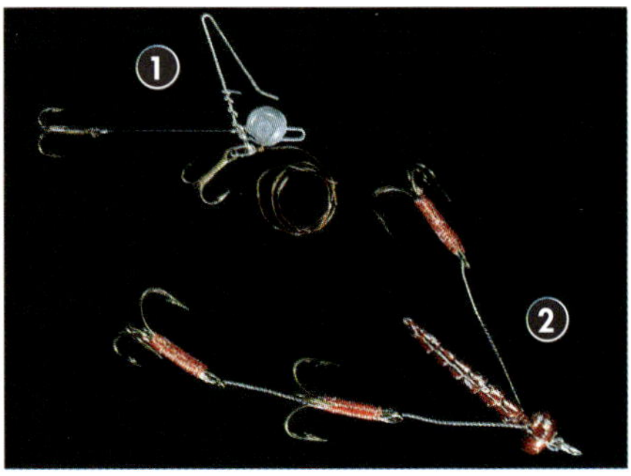

Die toten Köderfische

Die Köderfische dürfen nicht länger als 10 cm und müssen so frisch wie möglich sein. Die besten Fische wie Lauben (etwas empfindlich), Rotaugen oder kleine Döbel besitzen ein glänzendes Schuppenkleid.

DIE ANGELPRAXIS

Solange das System noch nicht den Grund erreicht hat, sollte man beim Absinken des Systems die Schnur ständig im Auge haben. Die kleinste Unterbrechung beim Eintauchen, das geringste seitliche Ausscheren der Schnur können nämlich einen anbeißenden Fisch bedeuten, und das muß den sofortigen Anhieb auslösen. Man kann den Köderfisch einige Augenblicke unbeweglich am Grund verharren lassen, denn es ist durchaus möglich, daß ein Zander seine anvisierte Beute über mehrere Dutzend Meter begleitet, bevor er sich entschließt zuzuschnappen. In diesem Fall hebt man mit einer ruckartigen Bewegung die Rute an. Je größer die Tiefe, desto weiter wird ausgeholt. Anschließend zieht man mit variierender Geschwindigkeit an der Schnur, legt kurze Pausen ein und ahmt so einen im Todeskampf liegenden Fisch nach. Wenn der Köderfisch schließlich den Bootsrand erreicht hat, kann man zusätzlich die Rute heben und senken, was sehr anziehend auf den Zander wirkt. Wichtig ist, daß man die Kapriolen des Köders und sein Gleiten über dem Grund gut spürt, denn der Biß ist manchmal kaum wahrnehmbar. Der geringste Anschein eines Festhakens kann den Biß bedeuten. Man muß in einem solchen Falle sofort kräftig anhauen.

◄ Angeln mit Köderfischsystem auf einem großen See.

DAS ZUPFFISCHEN MIT LEBENDEN KÖDERN

Diese neue Technik findet heute immer mehr Anhänger. Sie haben die Erfahrung gemacht, daß der mit dem Köderfischsystem sehr beangelte Zander zuweilen mißtrauisch geworden ist, jedoch bei sich bietender Gelegenheit einen kleinen lebenden, über den Grund gezogenen Fisch zu schätzen weiß (soweit das Gesetz es erlaubt).

Die Montage für nicht verkrautete Gründe

Ein kleines Olivenblei (Gewicht ist von der befischten Tiefe abhängig), ist an einem Wirbel befestigt, an welchem das 50 cm lange Vorfach hängt. Letzteres ist mit einem Einfachhaken oder einer Kombination aus einem Doppel- mit einem Einfachhaken versehen (Einfachhaken Gr. 6 oben, Drillingshaken Gr. 10 unten).

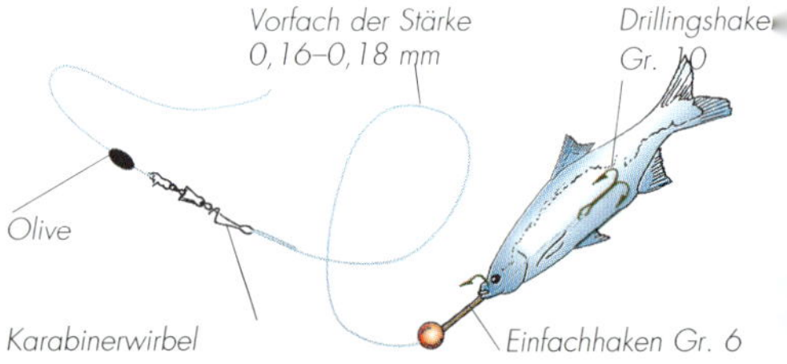

Das Material

Heute werden diverse Ruten für diese Art der Zupffischerei auf dem Markt angeboten. Es eignen sich Modelle mit klassischer Spitze, die jedoch eine sehr weiche, durchgehende Aktion besitzen. Die Rute des Typs Quiver-tip besitzt eine sensible Spitze, die, obgleich sehr schmal, über genügend Reserve verfügt, um einen großen Fisch zu bezwingen. Dieser Spitzentyp überträgt auch die kleinsten Bisse.

Die Montage für verkrautete Gründe

Sie ist identisch mit der zuvor beschriebenen und erfordert lediglich die Befestigung eines Auftriebskörpers (Styroporkugel), der den Köder über dem Grund hält.

▲ *Das Zupffischen ist eine Technik für Spezialisten.*

Die Angelpraxis

Der Begriff »Zupffischen« stammt von der speziellen Köderführung, mit der der Köderfisch, der tot oder lebendig sein kann, fortbewegt wird. In der Regel läßt man den Fisch mit unregelmäßigen Bewegungen auf den Grund gleiten und führt dabei abrupte Beschleunigungen aus, die von Pausen unterbrochen sind. Der Anhieb erfolgt auf alle Fälle im Moment des Anbisses.

Das Angeln mit Wurm

Diese Technik ähnelt der des Zupffischens insofern, als der Wurm mit unregelmäßigen Bewegungen über dem Grund gleitet. Ein dicker Tauwurm oder ein Bündel Laubwürmer können manchmal Zander anlocken, die auf lebende oder tote Köderfischen nicht reagieren. Außerdem kann der Zander mit dieser Methode auch während der Schonzeit des Hechts gefangen werden. Das Gerät ist das gleiche wie das für das Zupffischen beschriebene.

Montage mit dickem Tauwurm

Die Beschwerung besteht aus einem kleinen Olivenblei oder 5 bis 10 g Spaltblei, die von einer Silikonhülle arretiert werden, welche den Knoten am Wirbel schont. Das 50 cm lange Vorfach ist mit einem 10er Drillingshaken versehen. Man achte darauf, daß möglichst viel vom Wurm frei baumelt. Am besten nimmt man daher einen Stewart-Haken.

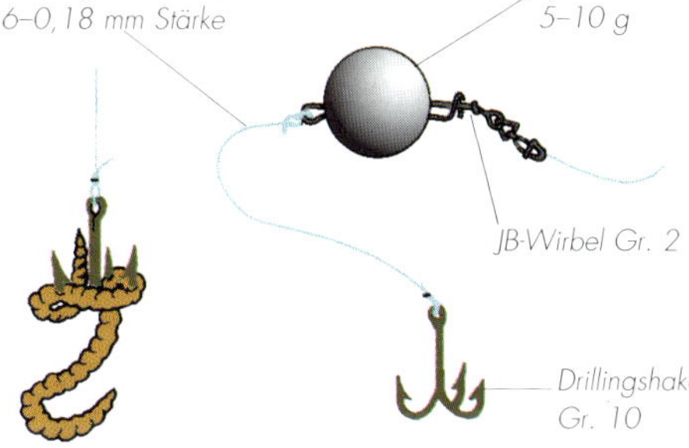

Schwere Montage mit Wurmköder zum Angeln auf Zander

Montage mit Laubwurm

Bei dieser Montage befestigt man ein Bündel Laubwürmer an einem 6er- bis 8er-Einfachhaken. Zusätzlich kann man eine kleine, farbige Styroporkugel unmittelbar oberhalb des Hakens anbringen, so daß der Wurm über dem Grund gehalten wird und auf diese Weise die Aufmerksamkeit der Fische erregt. Der Nachteil dieser Methode liegt darin, daß man damit viele, kleine Zander fängt! Man sollte kräftig anhauen, damit der Köder nicht zu tief verschlungen wird.

DAS SPINNANGELN MIT WEICHPLASTIKKÖDER

Der Weichplastikköder ist unter den Kunstködern sicherlich der geeignetste für den Fang vo Zandern. Erstens bietet die reiche Auswahl für jede Situation den richtigen Köder; außerden ermöglicht die einfache Montage im Nu eine erforderliche Modifikation des Köders, und schließlic ist dieser sehr vielseitig verwendbare, in allen möglichen Formen und Farben erhältliche Köde sehr preiswert.

Twister und Weichplastikköder

Diese Kunstköder werden an Bleiköpfen des Typs Jig angebracht oder auf einem Drachkovitchsystem Special LS. Am besten arbeiten die Modelle, die auf die kleinste Schnurbewegung hin zu arbeiten beginnen, wie Mean Dude oder der Flußkrebs.

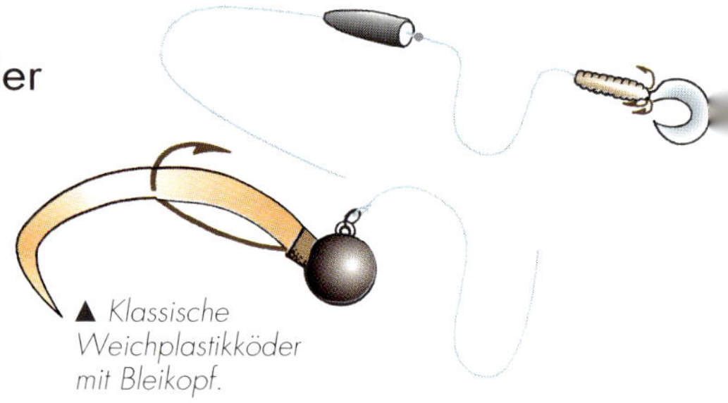

▲ Klassische Weichplastikköder mit Bleikopf.

Kats und Vitala

In puncto Präsentieren stellen Kats und Vitala einen guten Kompromiß zwischen Kunstköder und totem Fisch dar. Bei Hochwasser sollte man wurmförmige Weichplastikköder verwenden.

▲ Der Vitala ahmt nahezu perfekt einen kleinen Fisch nach.

DIE ANGELPRAXIS

▲ Zander am Weichplastikköder.

Das Präsentieren gestaltet sich hier sehr einfach, vorausgesetzt, man verwendet Kunstköder, die bei der kleinsten Schnurbewegung zu zappeln beginnen und den Eindruck vermitteln, als seien sie lebendig. Die Köderführung besteht abwechselnd aus langsamen Zügen an der Schnur, einem wiederholten Abrollen, unregelmäßigen Ausschlägen zur Seite und dem Heben und Senken des Köderfischsystems unmittelbar unter der Rute (mit mittlerer Spitzenaktion).

DER AUF GRUND GESETZTE TOTE KÖDERFISCH

Diese Technik ist inspiriert von der Vorliebe des Zanders, im Rudel zu jagen, indem die Futterfische hin- und hergeschubst und ihnen tödliche Schläge verabreicht werden. Zunächst greift der Zander blitzschnell an, um den kleinen Fischen kräftige Schläge mit dem Kiefer zu versetzen. Die zahlreichen, dem Angriff zum Opfer fallenden Fische liegen daraufhin am Grund im Todeskampf. Erst nach dieser wütenden Attacke nähert sich der Raubfisch dem Grund, um seine Beute zu vertilgen. Wenn man Glück hat, stößt er hierbei auf einen der kleinen Köderfische am Angelhaken.

Die klassische Montage

Die Hauptschnur ist mit Arlesey-Blei verbunden, das an eine den Knoten des Tönnchenwirbels schützende Perle stößt. Das aus einer geflochtenen Schnur bestehende Vorfach hat eine Tragkraft von 5 kg und trägt einen Einfachhaken Gr. 6 oder einen Drillingshaken Gr. 10.

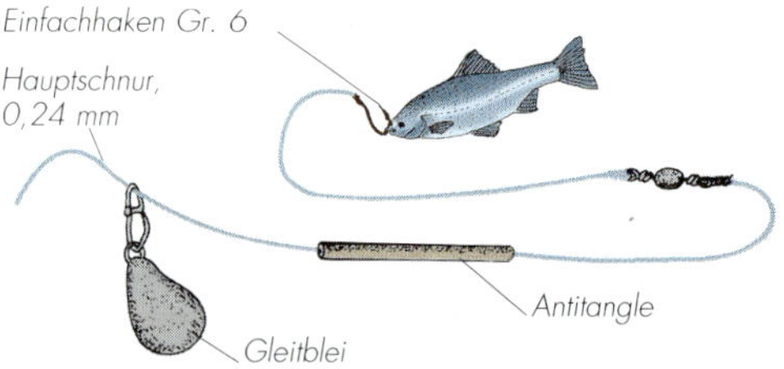

Die Angelpraxis

Für das Befischen großer Tiefen kann man dem Köderfisch mit einer Spritze eine phosphoreszierende Flüssigkeit injizieren. Außerdem ermöglicht an verkrauteten Stellen eine vor der Schnauze des Köderfisches angebrachte Styroporkugel die Führung des Köderfisches leicht über dem Grund. Die Kugel, zusammen mit der Leuchtfarbe, können dem Zander nicht entgehen. Der Biß kann sich durch ein abruptes Ausreißen des Raubfisches ankündigen. Meistens wird er durch kleine Zuckungen der Rutenspitze angezeigt (einer englischen Rute der Länge 3,90 m). In diesem Fall ist es ratsam, einige Sekunden zu warten, bevor man anschlägt.

Die Montage für das Angeln auf große Distanzen

Diese Montage für sehr verkrautete Gewässer ist identisch mit der klassischen Montage, außer daß die Schnurlaufperle auf ein Antitangle-Röhrchen gesteckt wird und das Blei an einem Seitenarm mit Sollbruchstelle befestigt ist.

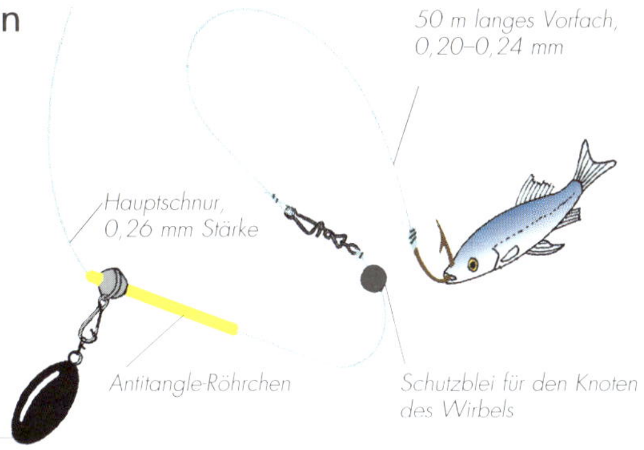

Der lebende Köderfisch

Für das Angeln mit Grundblei in großen Tiefen oder das Angeln auf weite Distanzen werden die gleichen Montagen und das gleiche Gerät wie beim Fang mit einem Köderfischsystem verwendet. Für mittlere Tiefen ist auch eine Posenangel ausreichend, vorausgesetzt, man benutzt sehr dünne Montagen.

Die englische Posenangel

Unauffälligkeit und Leichtigkeit sind hier unabdingbar. Aus diesem Grund sollte eine kleine 5 g schwere Gleitpose oder ein englisches Modell eingesetzt werden. Die leichte und verteilte Bleibeschwerung besteht aus weichen englischen Bleikugeln.

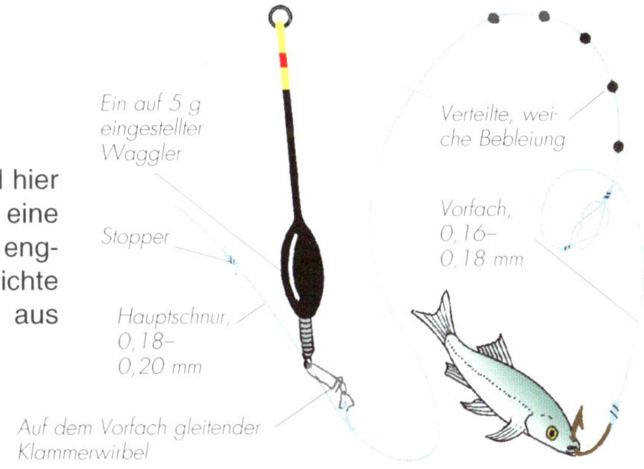

Die Angelpraxis

Man wirft die Schnur am besten an sehr verkrautete, nahe an Hindernissen gelegene Stellen. In großen künstlichen Seen beispielsweise sollte man nicht zögern, ein Boot zu benutzen, um damit den lebenden Fisch nahe eines Baumes, dessen Krone über die Wasseroberfläche reicht, zu setzen. Dies gilt vor allem für einzeln stehende, vom Ufer aus nicht erreichbare Bäume.

◄ *Mit lebenden Köderfischen kann man am wirksamsten zwischen Astwerk angeln.*

Der Barsch

***Der Barsch* (Perca fluviatilis)**, *wegen seines unersättlichen Appetits auch »Süßwassertiger« genannt oder in Anspielung auf seine Stacheln »Stachelritter«, ist im Süßwasser weit verbreitet. Man findet ihn sowohl in fließenden als auch in stehenden Gewässern und sogar in Mündungsbereichen und Seen des Mittelgebirges. Der Barsch besitzt ein spezielles, schützendes Schuppenkleid, das sich rauh anfühlt und dessen Schuppen leicht gezahnt sind. Die zwei Rückenflossen sind durch einen kleinen Zwischenraum voneinander getrennt. Die erste weist spitze Flossenstrahlen auf. Der Barsch ist ein in Rudeln jagender Raubfisch mit streng hierarchischer Organisation. Er verfolgt in dichten Schwärmen die ihm als Nahrung dienenden Setzlinge, schätzt aber gelegentlich auch Würmer und andere Weichtiere sowie Insektenlarven.*

Die natürlichen Köder

Grundsätzlich arbeiten die hier vorgestellten natürlichen Köder das ganze Jahr über sehr gut, werden aber besonders im Winter bevorzugt vom Barsch genommen. Überdies bieten Larven und Würmer in der Schonzeit des Zanders oder des Hechts, wenn lebende Fische und Kunstköder ohnehin verboten sind, die besten Aussichten, einen Barsch zu fangen.

Die Larve der Maifliege

Diese Larve ist unbestritten der beste Köder auf Barsch. Ihr einziger Nachteil liegt in ihrer Beschaffung. Sie ist sehr anspruchsvoll hinsichtlich der Wasserqualität und überlebt nur in sauberen, sauerstoffreichen Flußläufen. Ihre Befestigung erfolgt an einem dünndrähtigen Haken Gr. 14 mit langem Schaft.

▲ *Der zylindrische Körper der Maifliegenlarve verleiht ihr gute Wühleigenschaften.*

Der Laubwurm

In Zeiten hoher Wasserstände besitzen diese in kleinen Bündeln an einem 12er-Haken angebrachten Köder eine ausgezeichnete Lockwirkung, können aber nicht die Larve der Maifliege ersetzen!

Der junge Tauwurm

Dieser Wurm wird von ausgewachsenen Barschen weniger geschätzt, Jungfische beißen eher darauf an. Allerdings kann in einem Hochwasser führenden Fluß ein am Fuße eines tiefen, von der Hauptströmung geschützten Strudels plazierter Tauwurm manchmal durchaus einen großen Barsch zum Anbeißen verleiten.

◀ *Der vielseitig einsetzbare kleine Tauwurm lockt zuweilen auch große Barsche an.*

Die Larven der Libelle

Diese Larven gehören zur Gruppe der Zygopteren (z. B. die Schlankjungfer), deren Äußeres – ein dünner, länglicher Körper – Ähnlichkeiten mit der Maifliegenlarve aufweist. Wenn man keine Maifliegenlarven bekommen kann, sind diese Tierchen ein guter Ersatz. Man kann sie in einem Teich mit üppigem Pflanzenwuchs leicht mit einem engen Netz fangen.

Weibliche Libellenlarven ähneln denen der Maifliege. ▶

Die lebenden Fischköder

Als lebende Fischköder eignen sich nur Setzlinge, die nicht länger als 4–5 cm sind, da der Barsch ein sehr kleines Maul besitzt. Man kann auch eine Elritze (soweit erlaubt) verwenden, allerdings scheinen kleine Fische mit glänzendem Schuppenkleid bessere Resultate zu erzielen. Barsche sind dafür bekannt, daß sie in großen Gewässern den ganzen Sommer über bis in den Herbst fast ausschließlich Brut von Weißfischen jagen. Ideale Köderfische sind Moderlieschen (soweit erlaubt), kleine Lauben oder Rotaugen. Mit einem an einer seichten, ebenen Stelle abgesetzten Senknetz kann man einen größeren Vorrat an winzigen Rotaugen fangen (allerdings in einem privaten Teich, da dies in öffentlichen Gewässern streng untersagt ist!) Der Köderfisch wird an einem Haken Gr. 10–12 befestigt.

◀ *Die großen Barsche sind für Weißfische gefährliche Raubtiere.*

DIE BESTEN STANDPLÄTZE DER BARSCHE

Der Barsch fühlt sich in der Nähe von Hindernissen sehr wohl. Außerdem scheint ihn Holz anzuziehen: tote Bäume und Baumstümpfe, Astwerk und hölzerne Anlegepontons. Diese Vorliebe verschafft dem Angler eine Reihe besonders günstiger Standplätze:

– im Fluß

Unterhöhlte Uferböschungen, mit Wurzelwerk durchsetzt, bieten den Barschen ausgezeichnete Standplätze. Daher ist es manchmal nicht nötig, weit vom Ufer entfernt zu angeln – die Fische stehen oft unmittelbar vor den Füßen des Anglers. Barsche meiden im allgemeinen die Hauptstromadern. Daher sollte man bevorzugt abseits von der Hauptströmung gelegene Stellen, tiefe Gräben und stromab von Brückenpfeilern gelegene Strudel erkunden. Hinzu kommt das systematische Erforschen aller Hindernisse: Felsgeröll, umgefallene Bäume, Stützpfeiler.

– in Seen, Teichen und Kiesgruben

Große Naturseen bieten sehr viele Unterstände. Allerdings kann nur eine gute Kenntnis der örtlichen Gegebenheiten und der Gewohnheiten der Fische die erhofften Fänge bescheren. In der Regel findet man auch hier die Barsche in der Nähe von Hindernissen oder bepflanzten Stellen. In Teichen werden die meisten großen Barsche an Standplätzen in der Nähe von Dämmen gefangen, vorausgesetzt, diese sind von schattenspendenen Bäumen und Sträuchern gesäumt, unter denen sich Barsche, aber auch Hechte gerne aufhalten. Eine Schneise durch einen Schilfgürtel kann sich ebenfalls als ein ausgezeichneter Standplatz erweisen.

Die besondere Architektur von Anlegepontons bietet den Barschen gute Unterstände

Das Gerät

Ein einfache Teleskoprute mit einer Länge von 6–7 m kann völlig ausreichen, wenn man mit der Maifliegenlarve angelt. Besteht jedoch die Aussicht, daß ein paar große Fische anbeißen, sollte man besser eine beringte Rute verwenden, mit der man beim Drill genügend Schnur geben kann. Im Fluß ermöglicht eine Bolognaise-Rute einer bessere Kontrolle des in der Strömung treibenden Köders. Es genügt eine einfache Multirolle. Ihr geringes Gewicht ist für das oft mehrere Stunden andauernde Werfen vorteilhaft. Die Spule ist mit 50–100 m Schnur der Stärke 0,14–0,16 mm bestückt.

◄ Der Barsch ist in erster Linie ein Raubfisch und spricht daher vor allem auf natürliche Köder an.

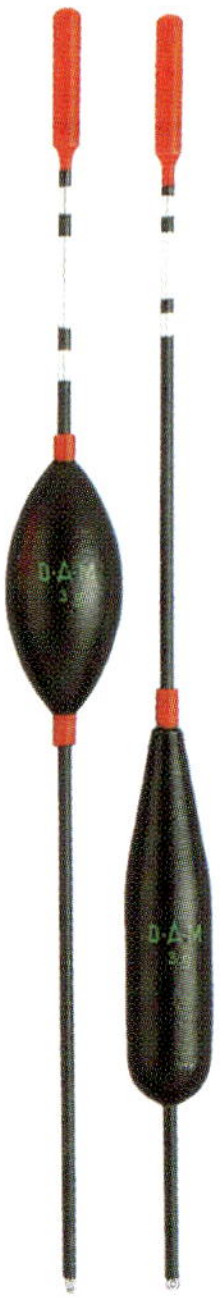

Gleitposen für das Angeln auf Barsch. ►

Das Barschauge

Das Barschauge ist ein Geheimtip; er erweist sich manchmal als Wunderwaffe, um Barsche und Zander anzulocken. Das Auge wird an einem 14er-Haken befestigt und durch Heben und Senken angeboten.

▲ Das Barschauge ist ein erstklassiger Köder für das Angeln auf Barsch.

Köderfischsysteme für andere natürlichen Köder

Bei den Köderfischsystemen benutzt man je nach Strömung eine mit einem kleinen Olivenblei beschwerte, gedrungene Pose (Strömungsbereich) oder eine mit verteilten Bleien beschwerte, sensiblere Pose für ruhige Bereiche mit winzigem Köderfisch. Als Haken dient ein Einfachhaken Gr. 6–10.

System für kleine Köderfische

Hierbei gleitet auf der Hauptschnur (0,14 mm) eine spindelförmige, mit weichem Blei befestigte Pose. Das 40 cm lange Vorfach mit einem Durchmesser von 0,12 mm ist mit einem Haken Gr. 14–16 bestückt. Für dünnere Systeme kann man einen gleitenden Waggler verwenden.

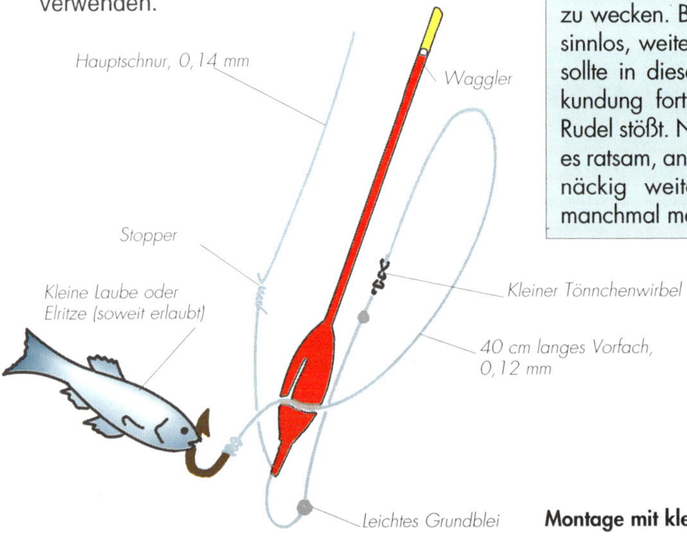

Montage mit kleinen, lebenden Fischen

Die Angelpraxis

Die Angeltechnik besteht aus einem gründlichen Abkämmen aller potentiellen Standplätze der Barsche, insbesondere der unmittelbaren Umgebung aller Hindernisse. Spezielle Lockmanöver in Form von Heben und Senken der Rute sind sehr wichtig, um die Neugier der Barsche zu wecken. Beim Ausbleiben eines Bisses ist es sinnlos, weiter an der Stelle zu verharren; man sollte in diesem Fall an anderer Stelle die Erkundung fortsetzen, bis man auf ein ganzes Rudel stößt. Nach dem ersten Fang hingegen ist es ratsam, an dem betreffenden Standplatz hartnäckig weiterzuangeln, denn dieser kann manchmal mehrere Dutzend Fische einbringen.

Das ultraleichte Angeln

Die Technik des ultraleichten Angelns ist sehr vielseitig und eignet sich hervorragend für das Angeln auf Barsch. Die verschiedenen, im Handel angebotenen Kunstköder, insbesondere die zahlreichen glänzenden Spinner, lösen schnell die Aggressivität des Fisches aus. Je nach verwendetem Ködertyp kann man in der kalten Jahreszeit sowohl tiefe Wasserschichten erkunden (mit Weichplastikködern) als auch oberflächliche Schichten und auch bepflanzte Zonen in einem Teich (sehr leichte Spinner).

Die Spinner

Diverse Hersteller bieten zahlreiche, völlig ausreichende Modelle Gr. 0–1 an. Besonders erwähnt seien Spinner, deren Drillingshaken mit Hecheln und anderen farbigen Strähnen geschmückt ist. Vor allem die Farbe Rot erregt die Aufmerksamkeit des Hechts und bannt ihn während des Angriffs. Kombinationen aus einem drehendem Spinnerblatt mit rotem Weichplastikköder in Fragezeichenform sind besonders in Flüssen sehr wirkungsvoll.

▲ Ein kleiner Spinner ist hervorragend geeignet für den Barsch, in größerer Ausführung auch für den Schwarzbarsch.

Ein kleiner Spinner mit einem Plastikfischlein. ▲

Der Barsch spricht gut auf phantasievolle Gebilde an, wie z. B. diese Hecheln. ▲

Die Blinker

Blinker werden seltener benutzt, obgleich sie im Fluß sehr wirksam sind, da ihre unregelmäßige Fortbewegungsweise perfekt einen verletzten Beutefisch nachahmt.

Kleine Blinker eignen sich hervorragend zur Erkundung von Strömungen. ▶

Die Twister und Köder in Fragezeichenform

Diese Kunstköder arbeiten in allen Situationen sehr wirkungsvoll. Während einer Angelpartie und bei Ausbleiben eines Bisses ist es sehr wichtig, sie in verschiedenen Farben auszuprobieren. Es kommt vor, daß Barsche sich nur für eine Farbe interessieren. In einem See kann das Rot sein, woanders Gelb oder Weiß. Die Firma Ragot vertreibt ausgezeichnete, sehr originelle Kunstköder dieser Sorte.

Das Gerät

Das klassische Gerät für ultraleichtes Spinnangeln besteht aus einer 2,20 m langen Rute mit einer Tragkraft von 0,5–3 g und einer hochwertigen kleinen Rolle, mit der man mindestens 70 cm Schnur pro Umdrehung einholen kann. Die Spule ist gefüllt mit 100 m Schnur der Stärke 0,12–0,14 mm.

▲ Ein Weichplastikköder in Kombination mit einem Tauwurm eignet sich gut für das Barschangeln!

Die Angelpraxis

Die Technik für das Angeln auf Barsch kann, je nach Art des erkundeten Gewässers, sehr unterschiedlich sein. Beim Angeln mit Weichplastikködern, beispielsweise in einem Stausee, ähnelt sie sehr der Technik mit einem Köderfischsystem, bei der man sorgfältig alle Wasserschichten abkämmt. Dabei ist es sehr wichtig, die genaue Tiefe, in der der erste Biß erfolgt, im Gedächtnis zu behalten, denn in dieser Tiefe dürften in der Folge weitere Fische anbeißen. In einem Teich wirft man eher großflächig aus und erkundet systematisch alle Standplätze, wo sich ganze Rudel von Barschen verbergen können. Auch hier muß man nach dem ersten Biß beharrlich im gleichen Bereich weiterangeln – andere Barsche werden mit Sicherheit folgen! In Flüssen sollte die Erkundung der Strömungen flußaufwärts mit Devonspinnern erfolgen; so kann man gründlich alle langsamen und tiefen Wasseradern erforschen.

Der Vitala

Der Vitala ist ein Weichplastikköder, dessen Form an einen Fisch erinnert; er zieht in den Längen 50–65 mm kleine Barsche wie ein Magnet an. Seine Fortbewegung ahmt wunderbar die eines Futterfisches nach, und die Köderführung ähnelt der für ein Köderfischsystem. Dieser Weichplastikköder ist für tiefe Gewässer, beispielsweise Stauseen, unentbehrlich.

▲ *Der Vitala eignet sich hervorragend für alle Raubfische.*

Die Flex-Köder

Die Flex-Köder sind kleine Fische aus Latex mit erstaunlich guten Vibrationseigenschaften; große Barsche nehmen sie gerne, wenn sie zwischen 45 und 55 mm groß sind.

▲ *Der Colaflex aus der Serie Flex der Firma Ragot.*

Die tote Elritze

Die Elritze ist – soweit erlaubt – in stehenden Gewässern und Flüssen ein hervorragender Köder und wird an winzigen Systemen, die mit 2 Drillingshaken Gr. 16 versehen sind, befestigt. Allerdings beißt der Barsch regelmäßiger auf einen kleinen Weißfisch oder eine 5 cm lange Laube als auf eine Elritze, da er eine Vorliebe hat für alles, was glänzt.

Die Fliege

In Flüssen mit üppigem Pflanzenwuchs kann man mit der Fliege abwechslungsreiche Angelpartien erleben und erzielt damit fast genauso viel Erfolg wie mit der ultraleichten Spinnrute. Der einzige Nachteil besteht darin, daß diese Technik nicht für das Befischen großer Tiefen eines Sees oder Teiches geeignet ist und man sich daher auf Uferböschungen von Teichen und Flußläufen beschränken muß.

Die Modelle

Der Barsch schätzt alle glänzenden Modelle. Für eine bessere Erkundung von Tiefen sollte man buschige Fliegen verwenden, die – falls nötig – durch «Bleiaugen» beschwert werden. Man bringt etwas Tinsel am Fliegenkörper an und benutzt zusätzlich farbige Hecheln (in Rot, Gelb, fluoreszierendem Orange). Imitationen von Futterfischen (silberne Streamer) sind im Sommer unentbehrlich, genauso wie Nymphen des Typs Palaretta.

▼ *Klassische Fliegen für das Barschangeln.* ▼

Alles was glänzt und vibriert, z. B. zusätzliche Hecheln, eignet sich zum Angeln auf Barsch. ▲ ▶

DIE ANGELPRAXIS

▲ *Das Fliegenfischen eignet sich besonders gut zur Erkundung seichter Gewässer.*

Der Köder muß so geführt werden, daß die Fortbewegung eines kleinen Fisches oder eines anderen kleinen Tieres im Todeskampf simuliert wird. Die Köderführung besteht demnach aus abrupten Zügen an der Schnur, gefolgt von Lockerungen und Stopps. Dabei ist das Sichtangeln von Fischschwärmen sehr amüsant. Wenn man die Fliege inmitten der Barsche ausgemacht hat, stellt man sehr schnell fest, wie wichtig eine richtige Köderführung ist: Die Bewegungen der Fliege wecken den Instinkt der Raubfische, die mit Wucht auf den Kunstköder losschießen.
Der Anhieb muß behutsam vonstatten gehen, da die Lippen des Barsches sehr empfindlich sind.

DIE BARSCHHEGENE

Diese Lieblingstechnik der Savoyer kommt in großen Seen, wie dem Genfer See, zur Anwendung, und zwar den ganzen Sommer hindurch und im Herbst, wenn die Barsche an der Oberfläche Brutfische jagen, die sich dort in großen Schwärmen sammeln.

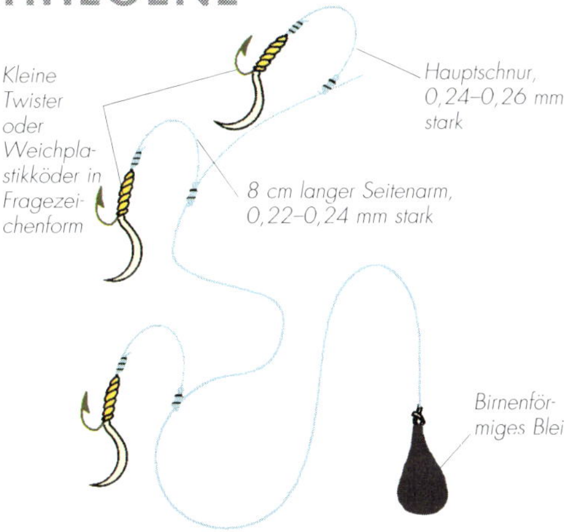

Die Montagen

Einige alpine Seen besitzen den Status von Binnenseen. Man sollte sich bei den örtlichen

Die Angelpraxis

Die erste Schwierigkeit besteht darin, die jagenden Barschrudel auszumachen, die sich unter einer brodelnden Wasseroberfläche aufhalten. Sobald das Rudel geortet ist, genügt es, sich auf Wurfweite zu nähern und die Montage hinter die aufgewühlte Stelle zu werfen, bevor man mit dem Einholen quer durch das Rudel beginnt. Den Köder führt man mit abrupten Schnurzügen und einem Anheben des Köders, woraufhin man die Rutenspitze senkt und die so locker gewordene Schnur einholt. Wenn das Nahrungsangebot beschränkt ist, kommt es nicht selten vor, daß die Köder regelrecht von den Barschen bestürmt werden. Daher sollte man hinreichend starkes Gerät verwenden: eine leichte Spinnrute und eine robuste mit einer 150 m langen Schnur der Stärke 0,25 mm aufgefüllte Stationärrolle.

Behörden erkundigen, wie viele Seitenarme und Kunstköder in den jeweiligen Seen verwendet werden dürfen.

Die Savoyer benutzen im allgemeinen kombinierte Köder, bestehend aus winzigen Weichplastikködern (Twister oder Köder in Fragezeichenform).

Als Beschwerung dient ein vernickeltes Blei oder ein Blei, das mit einem Messer auf Hochglanz geschabt wurde.

Das Heben und Senken

Diese Technik erfolgt direkt unter der Rutenspitze; dabei erfordert die Köderführung, mit der man sehr verkrautete Stellen erkundet, viel Arbeit. Sobald der Köder den Grund erreicht hat, wird er mit einer brüsken Bewegung rund 1 m angehoben. Es folgt ein kurzer, kräftiger Anhieb, worauf man etwas Schnur gibt. Diese Technik setzt in erster Linie auf die Neugierde und Aggressivität der Fische: Man benutzt dabei sehr glänzende Materialien, die die Aufmerksamkeit der Raubfische erregen. Das verwendete Gerät entspricht dem der Stipprute.

Der Kleinpilker (Zocker)

Dieser mit einem Einfach-, Doppel- oder Drillingshaken bestückte Kunstköder lockt nicht nur Barsche an, auch der Hecht und die Forelle zeigen sich sehr interessiert. Der Zocker wird an einer Stelle mit reichlich Vegetation eingetaucht und sinkt schnell auf den Grund ab. Sobald er diesen erreicht hat, hängt die Hauptschnur leicht durch. Die Köderführung verleiht dem Zocker eine besondere Fortbewegungsweise: Er taucht ab, bäumt sich auf, schwebt und scheint plötzlich Richtung Wasseroberfläche zu verschwinden. Dieser vorgetäuschte Fluchtversuch läßt den Barsch oft anbeißen.

▲ Klassischer Zocker (Kleinpilker) für das Angeln auf Barsch.

Die Montage

Die Montage ist sehr schlicht und besteht aus einer robusten Nylonschnur der Stärke 0,18 mm mit dem daran befestigten Zocker. Für verkrautete Gründe kann man die Schnurstärke bis auf 0,22 mm erhöhen.

Der Zocker kann sehr listigen, großen Barsche zuweilen ihr Mißtrauen nehmen. ▶

Das vernickelte Blei

Auch mit dieser Technik setzt man auf die Vorliebe der Barsche für glänzende Gegenstände; gleichzeitig kombiniert man damit die Lockwirkung eines natürlichen Köders. Die Fortbewegung ähnelt der des Zockers, jedoch bewegt sich die Kugel weniger abrupt und gleichmäßiger fort. Die ebenfalls geläufige Bezeichnung »Kugel« rührt aus Zeiten, in denen die Angler als Beschwerung ein Projektil einer Feuerwaffe, beispielsweise einer Muskete oder anderer Schußwaffen, benutzten. Heute bieten Fachgeschäfte vernickelte, sehr glänzende Kugeln an, die hervorragend ihren Zweck erfüllen.

Die Köder

Zwei Köder passen zu dem vernickelten Blei: ein Bündel Laubwürmer und ein lebender Köderfisch.

Die Montage

Sie kann aus einem einzigen Haken oder zwei Seitenarmen bestehen; die letztere Lösung ist für das Angeln mit einem aus einem Wurm und einem lebenden Fisch kombinierten Köder geeignet. Man kann auch die Larve der Maifliege verwenden, allerdings ist sie etwas fragil für diese Technik.

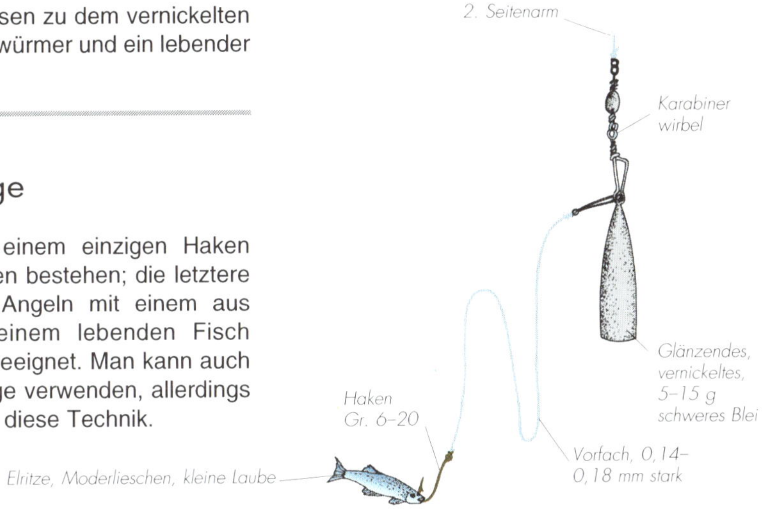

Die Angelpraxis

Es kommt vor allem darauf an, die glänzende Eigenschaft des Kunstköders auszunutzen, um den Raubfisch anzulocken. Um dies zu erreichen, kombiniert man die Technik des Hebens und Senkens mit leichten Seitwärtsausschlägen. Im Moment des Bisses, der wie ein Festhaken des Köders erscheint, ist es ratsam, vor dem Anhieb einige Sekunden innezuhalten, damit der Fisch den Köder richtig zu fassen bekommt.

▼ *Bootsangeln auf Barsch mit vernickeltem Blei.*

Der Wels

Der Wels (Silurus glanis) *ähnelt ein wenig einem großen Katzenwels, besitzt allerdings keine Fettflosse und einen langgezogeneren Körper. Der massive, breite und abgeplattete Kopf weist am Oberkiefer zwei lange Bartfäden auf, vier weitere, kürzere entspringen am Unterkiefer. Insgesamt besitzt der Wels also sechs Bartfäden, während der Katzenwels nur vier hat. Die Kiefer sind mit dünnen, scharfen Zähnen besetzt. In unseren Gewässern wird dieser Fisch bis zu 3 m lang und ca. 150 kg schwer. Der Wels, ein aktiver Raubfisch, ernährt sich von Fischen, gelegentlich auch Vögeln oder im Wasser lebenden Nagetieren, sowie von Amphibien oder Krustentieren, beispielsweise Flußkrebsen. Er besiedelt vor allem stille Gewässer mit Schlickgründen und scheint große Tiefen zu bevorzugen. Er ist eher in der Dämmerung und in der Nacht aktiv.*

Das Spinnangeln mit Kunstködern

Wenngleich die Angler in Mitteleuropa im allgemeinen Metallköder verwenden, stößt diese Technik bei vielen Franzosen auf Ablehnung – teils zu Recht, teils zu Unrecht. Recht haben diese Angler insofern, als ausgewiesene Experten beim Angeln in der Saône festgestellt haben, daß das Angeln mit auf Grund gesetzten Ködern am erfolgreichsten ist. Andererseits ist in anderen Gewässern – zum Beispiel in der Umgebung von Mequinenza in Spanien – ein großer Spinner der beste Köder, um methodisch Pools und Strömungen zu erkunden, in denen der Wels, besonders zu nahender Laichzeit, auf Jagd geht.

Die Spinner

Angelexperten sind sich darüber einig, daß dieser Ködertyp nicht für das Angeln auf Wels geeignet ist, da hierfür ein am Grund langsam arbeitender Köder nötig ist. Wenn allerdings der Wels inmitten der Strömung oder in seichtem Gewässer auf Jagd geht, kann er sehr wohl von Spinnern angelockt werden, insbesondere von Modellen, deren Spinnerblatt sich schon bei geringer Geschwindigkeit zu drehen beginnt und sich weit von der Achse entfernt.

▲ Der für große Hechte und Muskies eingesetzte Giant Killer von Mepps eignet sich auch für das Angeln auf Wels.

◀▶ Sehr große, farbige Spinner der Marke DAM, die mit von Hecheln verzierten Drillingshaken versehen sind.

DAS GERÄT

Das Material muß stark und robust sein. Man verwendet daher eine große Lachsrute (Tragkraft 30–60 g) und eine Rolle mit großem Schnurfassungsvermögen, die mit einer hervorragenden Bremse ausgestattet ist. Die Spule sollte mindestens 200 m einer 0,50 mm starken Schnur fassen können. Manche Angler schwören auf geflochtene Schnüre.

Die Löffel

◄ *Ein Löffel Gr. 3 gehört zur Grundausstattung für das Angeln auf Wels.*

Für das Angeln auf Wels kann man alle schweren für Hechte geeigneten Löffel verwenden, die über 10 cm lang sind. Manche amerikanischen Modelle für das Angeln auf Lachs sind erfahrungsgemäß ebenfalls sehr gut geeignet, soweit sie eine silberne Färbung aufweisen.

Die weichen Plastikköder

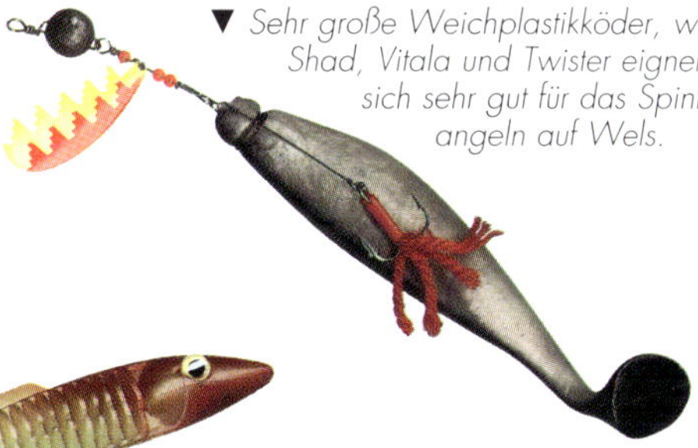

▼ *Sehr große Weichplastikköder, wie Shad, Vitala und Twister eignen sich sehr gut für das Spinnangeln auf Wels.*

Diese Köder ermöglichen eine systematischere Erkundung tiefer Gräben und langsamer Strömungen: Ein großer Twister oder Vitala, die bei Bedarf an einem Drachkovitchsystem befestigt werden, sind am besten geeignet. Bei der Verwendung von Köderfischsystemen mit Drillingshaken kann das Haken eines Welses problematisch werden, man sollte daher Einfachhaken mit scharfer Spitze vorziehen.

◄ *Für Gräben verwendet man dicke Vitala.*

Die Wobbler

Die Wobbler sind im Sommer hervorragende Köder. Ihre Verwendung ist auf die Erkundung von Uferböschungen und Strömungen beschränkt, wenn der Wels obere Wasserschichten aufsucht, um kleine Fische zu jagen. Man sollte die großen Modelle bevorzugen, wie den Rapala Magnum in Rot und Weiß oder den für große Tiefen geeigneten Shad Rap.

▲ *Der 24 cm lange Rapala Shad Rap ist ideal für das Angeln auf Wels im Frühjahr, wenn dieser zwischen Wasserpflanzen auf Jagd geht!*

Das Sichtangeln von jagenden Fischen mit Wobblern sorgt im allgemeinen für Nervenkitzel. Es kann nämlich passieren, daß ein an der anvisierten Stelle angelangter Köder urplötzlich inmitten schäumender Wogen verschwindet.

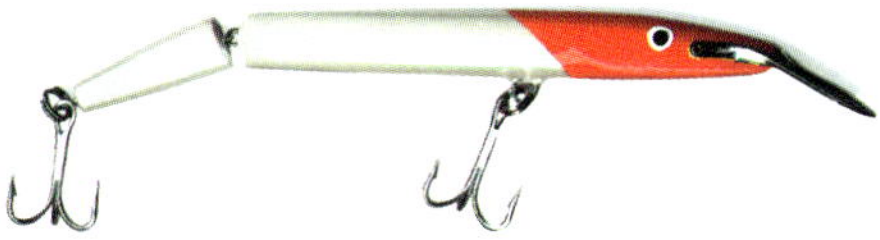

◄ *Ein zweiteiliger Rapala erzeugt mehr Vibrationen!*

DIE ANGELPRAXIS

Die Wahl des richtigen Standplatzes und Köders ist in großem Maße abhängig von der Jahreszeit. Im Sommer jagt der Wels vor allem in der Dämmerung, indem er ganze Schwärme von Weißfischen in Richtung Ufer oder zwischen Wasserpflanzen abdrängt. Selbst wenn keine Verfolgungsjagd wahrnehmbar ist, ist es sehr wichtig, diese Art von Standplätzen zu erkunden. Ein großer Wels kann sich jederzeit hinter einem Baumstumpf, einer kleinen Sandinsel oder zwischen Schilfrohren verstecken. Die Taktik ähnelt in diesem Fall der des Angelns auf Hecht mit Kunstködern, das heißt man kämmt systematisch und behutsam alle in Frage kommenden Unterstände des Raubfisches ab. Das Einholen über dem Grund sollte langsam vonstatten gehen, wobei es wesentlich ist, daß der angebotene Köder einen in Schwierigkeiten befindlichen Beutefisch imitiert.

DAS ZUPFFISCHEN MIT KÖDERFISCHSYSTEM

Diese Technik ist das ganze Jahr über sehr wirksam, besonders aber im Winter. Sie eigne sich hervorragend zur langsamen und systematischen Erkundung tiefer Gräben, wo sich di Fische im Winter zu Rudeln zusammenfinden.

Die Köderfischsysteme

Als Köderfischsystem eignet sich ein großes Modell des klassischen Drachkovitch-systems (bei dem bei Bedarf die Haken ausgetauscht werden) oder ein großer Einfachhaken, auf den der Fisch gezogen wird.

Ein großes Modell des klassischen Drachkovitchsystems eignet sich nicht nur zum Fang von Welsen, sondern ist auch für andere große Raubfische geeignet. ▶

Drachkovitchsystem in großer Ausführung mit zwei Drillingshaken

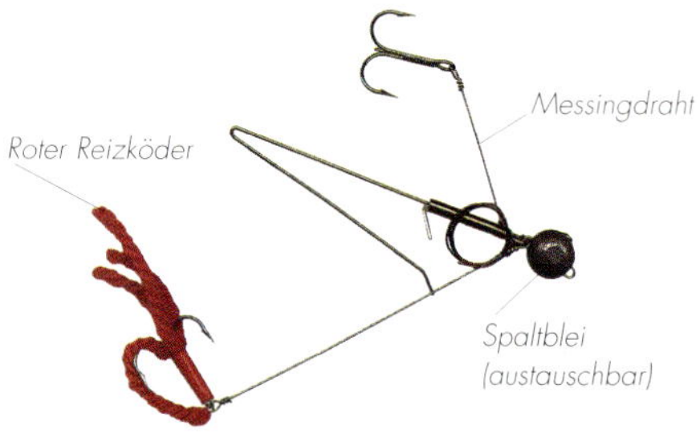

DIE ANGELPRAXIS

Die Angelpraxis ähnelt der für das Angeln auf andere Raubfische angewandten Techniken mit Köderfischsystem. Indem man das System in der Vertikalen bewegt, ähnlich wie beim Angeln vom Boot aus, weckt man die Neugierde und den Appetit eines im Winter nur mäßig aktiven Raubfisches. Da der Wels zu dieser Jahreszeit nur sehr widerwillig anbeißt, sollte man beim ersten anormalen Stocken der Schnur nicht gleich anschlagen. Die Erfahrung hat gezeigt, daß die Anhiebe seltener fehlschlagen, wenn sich der Fisch einige Sekunden lang mit seiner Beute beschäftigen kann.

Das Zurücksetzen eines Welses ins Wasser gehört zur Ethik des modernen Anglers. ▶

ANDERE NATURKÖDER

Neben dem lebenden Fisch schätzt der Wels auch eine Reihe anderer natürlicher Köder. In Spanien bleibt der lebende Fisch allerdings die erste Wahl – und dies in Form von 3–4 Pfund schweren Karpfen!

Die verschiedenen Köderarten

Bei Hochwasser oder hohen Wasserständen ersetzt ein Bündel großer Tauwürmer alle anderen natürlichen Köder. Eine noch größere Lockwirkung besitzen drei oder vier Neunaugen, die am Rücken an einem Einfachhaken Gr. 4 befestigt sind (diese Methode ist in manchen Ländern untersagt!). Gute Resultate kann man auch mit dem lebenden Flußkrebs oder einem Fischfetzen erzielen.

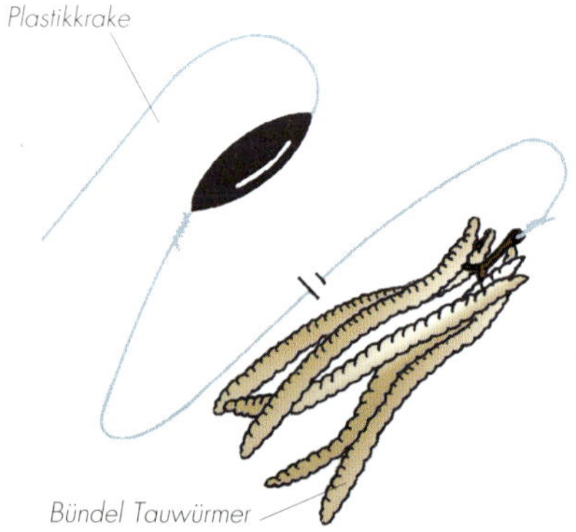

DAS GERÄT

Das Gerät umfaßt eine robuste, beringte, 4–5 m lange Teleskoprute oder eine Karpfenrute mit 3 Lbs Tragkraft. Eine solide Stationärrolle, deren Spule 200 m einer 0,45-mm-Schnur faßt, macht die Ausrüstung komplett.

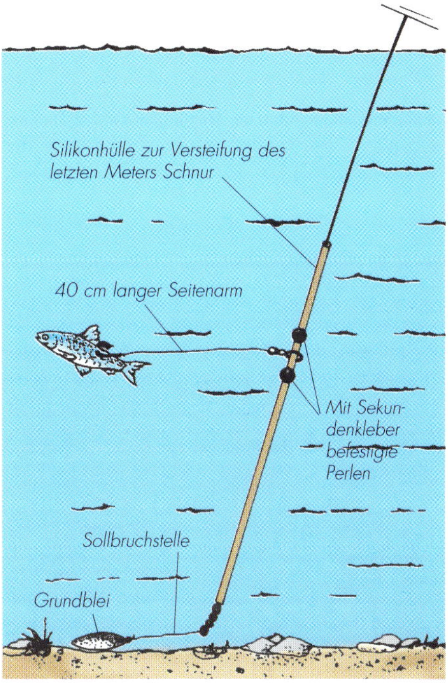

Die Paternoster-Montage

Die Paternoster-Montage kann aus einem Dreiwegewirbel bestehen, an dem ein 40 cm langer Seitenarm befestigt ist. Dieser Seitenarm wird mit einem Einfachhaken Gr. 4 versehen. Eine andere Lösung zur Vermeidung von Perükken besteht darin, daß man das Ende des Vorfaches auf einer Länge von ca. 1 m mit einer schützenden Silikonhülle umgibt. Auf alle Fälle muß man den Köder 50 cm über dem Grund verharren lassen, um ein Verheddern der Schnur zu vermeiden.

Montage mit Auftriebskörper

Eine kleine, an einem Haar befestigte Styroporkugel, die als Auftriebskörper dient, hält den Köder 50–60 cm unbeweglich über dem Grund. Auf diese Weise kann dieser vom angreifenden Wels nicht unbemerkt bleiben. Diese Montage bietet sich an, wenn man Würmer oder Blutegel verwendet, die leicht im Schlick versinken.

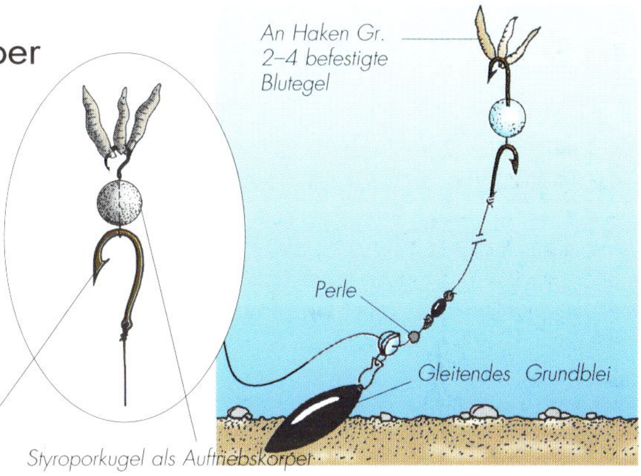

DIE ANGELPRAXIS

Wenngleich die Angeltechnik mit Naturködern verhältnismäßig einfach zu beherrschen ist, erfordert ihre Durchführung eine ganze Reihe von Vorsichtsmaßnahmen, darunter an erster Stelle eine möglichst unauffällige Vorgehensweise. Gehen Sie so wenig wie möglich am Ufer entlang, und beschränken Sie im Boot Ihre Bewegungen auf ein Minimum. Um die vom Wels schnell bemerkten Vibrationen mit ihren katastrophalen Folgen zu reduzieren, gibt es einen Trick: Man legt auf den Bootsboden Schaumstoffmatten. Im Moment des Bisses, in dem der Wels versucht auszureißen, zieht man die Rute mit einem Ruck kräftig hoch, damit die Hakenspitze in das harte Welsmaul eindringt.

► *Ein auf die Wasseroberfläche geschlagenes (in der Anglersprache: geklopftes) Wallerholz kann die Aufmerksamkeit der Welse wecken.*

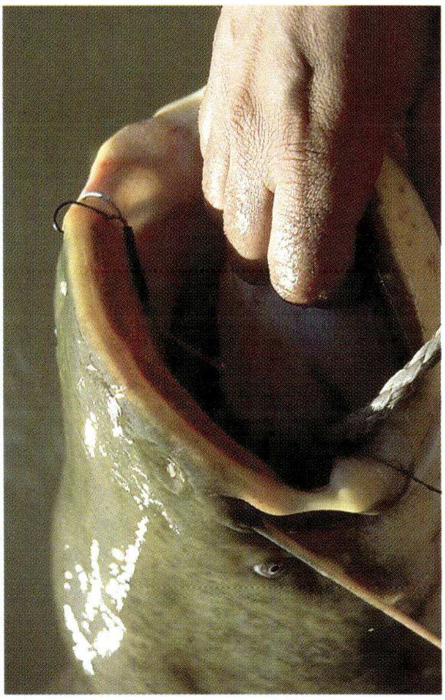

Beim Fassen eines Welses mit der Hand sollte man Handschuhe anziehen ! ►

Der Schwarzbarsch

Dieser prächtige, aus Nordamerika stammende Fisch ist bei den Amerikanern sehr beliebt und fasziniert auch immer mehr europäische Angler. Er besitzt eine außerordentliche Kampfeslust und ist der einzige Raubfisch, der den ganzen Sommer über gefangen werden kann. Er unterscheidet sich von den übrigen Vertretern der Barschfamilie durch seine beiden ohne Trennung ineinander übergehenden Rückenflossen. Die erste, kürzere Rückenflosse besitzt stachelige Strahlen, die zweite weiche. **Der Schwarzbarsch (Micropterus salmoides)** *gehört daher zur Familie der Centrarchiden. Er verdankt seinen Namen dem im Vergleich zum Oberkiefer sehr großen Unterkiefer – ohne Zweifel eine Anpassung im Zuge der Evolution: So kann er seine Beute an der Wasseroberfläche besser schnappen. Auf seinem Speiseplan steht alles, was sich bewegt oder zappelt. Insekten und deren Larven (vor allem von Libellen), Frösche, Wasserratten, Krustentiere und Fische. Der Schwarzbarsch ist ein typischer Bewohner stiller, nicht zu kalter Gewässer mit reichlicher Vegetation.*

Die natürlichen Köder

Beim Angeln auf Schwarzbarsch kommen nach traditionellem Verständnis des Fischfangs ausschließlich Kunstköder des Typs Popper und andere künstliche Oberflächenköder zur Anwendung. Dies ist aus mehreren Gründen ein Irrtum: Einmal, weil in überfischten Gewässern die Schwarzbarsche zunehmend mißtrauisch gegenüber diesen farbigen »Bestien« geworden sind; zum anderen, weil der Schwarzbarsch trotz seines Rufes als ein im Sommer nahe der Oberfläche jagender Raubfisch gerade an sehr heißen Tagen die Tiefe aufsucht. Sein Verlangen nach Sauerstoff und Frische sowie sein übermäßig entwickeltes Mißtrauen erfordern daher eine Erkundung aller Wasserschichten. Um dies zu bewerkstelligen, erweisen sich die oft verachteten natürlichen Köder als unentbehrlich. Richtig angeboten wecken sie weniger den Argwohn eines alten, mit den Tricks der Angler vertrauten Schwarzbarsches als ein Kunstköder mit Propeller.

Der Wurm

Warum denkt man nicht häufiger daran, einen zappelnden dicken Tauwurm zu verwenden, wenn man die Wirksamkeit eines Plastikwurms kennt? So bringt man sich selbst um einen hervorragend arbeitenden Köder.

Der Wurm muß mindestens 10 cm lang sein. Die Liebhaber gefühlvollen und subtilen Angelns kommen mit einem solchen Köder auf ihre Kosten. Der Tauwurm besitzt nämlich eine um so größere Lockwirkung, je dünner und schlichter die Montage ist: eine Nylonschnur, ein Stewart-Haken Gr. 4–6 – das genügt völlig! Der

Sehr dicke Tauwürmer sind ausgezeichnete Köder für Schwarzbarsche. ▶

Schnurdurchmesser sollte nicht über 0,20 mm liegen, um eine größtmögliche Präzision der Würfe zu erzielen. Allerdings ist eine zu dünne Schnur von Nachteil für das Fangen eines großen, über 1 kg schweren Fisches an Stellen mit vielen Hindernissen. Soweit man leichtes Gerät benutzt, ist für diese Technik eine Matchute die erfahrungsgemäß am besten geeig-ete Rute. Ihre Länge von 3,90 m ermöglicht uch auf große Distanzen die vollkommene Kontrolle über die Köderführung. Ihre Elastizität stellt einen weiteren nicht zu unterschätzenden Vorteil dar.

Der lebende Köderfisch

In großen Seen ist das Angeln mit leben-len Fischen (soweit erlaubt) vor allem im Spät-erbst sehr wirksam. Es kommt aber auch an ehr heißen Sommertagen vor, daß die Schwarz-arsche auf der Suche nach Sauerstoff und Ab-ühlung die Tiefe vorziehen. Man kann den ebenden Fisch nach klassischer Art an einer osenmontage anködern. Eine andere Methode ommt ohne Pose aus. In diesem Fall bieten sich wei Lösungen an: Einmal kann der kleine Kö-lerfisch an einem Haken Gr. 6 so befestigt wer-len, daß er in seiner Bewegungsfreiheit nicht ingeschränkt ist. Manchmal ist ein zusätzliches leines Gewicht zum Befischen tiefer Zonen ötig. Die lebenden Köderfische, die ausgezeich-ete Fische für das Grundangeln sind, stoßen ystematisch in Richtung der Unterstände vor, vo die Schwarzbarsche sich aufhalten. Die auf-ällige Montage überführt auch sehr argwöhni-sche Schwarzbarsche! Bei einer anderen Technik wird am Fischmaul ein Haken Gr. 6–8 angebracht, der an einem 50 cm langen Vorfach ler Dicke 0,22 mm befestigt ist. Ein kleines, 10 g schweres Olivenblei, oder besser ein funkelndes, auf der Hauptschnur gleitendes vernickeltes Blei, komplettiert das Ganze; das Blei liegt auf einem mit dem Vorfach verbundenen JB-Wirbel an. Mit dieser Technik kann man tiefe Gründe wirksam erforschen. Die Schnur muß während des Absinkens ständig beobachtet werden, da der Köder jederzeit von einem Fisch angegriffen werden kann, bevor er am Grund angelangt ist. Sobald er die anvisierte Tiefe erreicht hat, beginnt man den Köder zu führen, indem man abwechselnd die Schnur gleiten läßt und Seitwärtsbewegungen ausführt, die von abrupten Beschleunigungsbewegungen und Pausen unterbrochen werden.

Das Moderlieschen (in Deutschland verboten) ist ein hervorragender Köder für Schwarzbarsche. ▶

Der Flußkrebs

Amerikanische Experten sehen den Flußkrebs als einen der besten Köder auf große Schwarzbarsche an. Weder der Panzer noch die Beine scheinen den Raubfisch zu stören! Der Einsatz dieses Köders ist allerdings nicht in allen Ländern erlaubt. Flußkrebse mit weichem Schild sind noch wirksamer. Der Flußkrebs wird in Schwanzhöhe an einem Drillingshaken der Gr. 10–12 befestigt, wobei eine der Spitzen unter ein kleines Gummiband geschoben wird. Für das Beangeln von Fischen, die sich in tiefen Regionen aufhalten, genügt eine mit einem Haken versehene Schnur oder die für das Zupfangeln verwandte Montage. Ein in Richtung der Unterstände der Schwarzbarsche geworfener Flußkrebs nähert sich im typischen Rückwärtsgang den Raubfischen! Das Anbringen einer Wasserkugel ermöglicht größere Wurfweiten.

◀ *Der Amerikanische Flußkrebs besitzt die ideale Größe (6–7cm) für das Maul des Schwarzbarsches.*

Der Frosch

Frösche sind in Deutschland geschützt, und die Verwendung als Lebendköder ist untersagt. Erkundigen Sie sich bitte im europäischen Ausland über die rechtlichen Bestimmungen vor Ort. Um sich von der Wirksamkeit eines Froschköders zu überzeugen, braucht man nur eine Auswahl Poppers zu betrachten, deren Silhouette mehr oder weniger der eines Amphibs ähnelt. Bei der einfachsten Montage wird ein Haken Gr. 4 mit langem Schaft in den Nasenflügel des Frosches eingeführt. Anschließend wird der Köder mitten in Seerosen und Laichkraut geworfen, worunter die Schwarzbarsche sich gerne verstecken. Am idealsten ist es, wenn man den Köder auf ein Seerosenblatt setzt und einige Sekunden abwartet. Der von der Bewegung

überraschte Schwarzbarsch setzt zum Angriff a und schnellt in schäumendem Wasser auf de Frosch los, sobald man diesen von seiner Unte lage gezogen hat. Bei einer anderen Techn wird der Frosch an einen 30 cm langen, mit de Hauptschnur verbundenen Seitenarm ange bracht, hinter dem sich eine Wasserkugel befir det. Auf diese Weise erzielt man größe Wurfweiten und kann beim Einholen durch da von der Wasserkugel erzeugte Plätschern di Aufmerksamkeit des Raubfisches wecken.

◀ Der Frosch ist ein klassischer Köder, auf den der Schwarzbarsch den ganzen Sommer über anbeißt.

Das Köderfischsystem

Man kann nach klassischer Art ein kleines Drachkovitchsystem verwenden oder ein Bleikopfsystem für das Angeln auf mißtrauische und wählerische Fische. Als Köder kommen Weißfische, Rotaugen oder Elritzen (soweit erlaubt) in Frage. Ebenfalls geeignet ist die Schmerle, die in sauerstoffreichen Bächen zu finden ist. Ihr leicht gewundener Körper ist für das Angeln mit Köderfischsystem hervorragend geeignet, zumal sie wie ein Weichplastikköder arbeitet.

Das Köderfischsystem ist zu Herbstbeginn, wenn die großen Schwarzbarsche Brutfische jagen, besonders wirksam. ▶

Die Speckschwarte

Bei diesem Köder handelt sich um eine große Schweineschwarte, die von den Amerikanern als einer der wirksamsten Oberflächenköder angesehen wird. Sie arbeitet nach dem gleichen Schema wie ein Twister oder Weichplastikköder in Wurm- oder Fragezeichenform.

Mit einem Filetiermesser schneidet man sich ein hartes Stück Speckschwarte zurecht, in das man anschließend die Hakenspitze einführt. In die Schwarte näht man mit einer großen Nadel einen roten Wollfaden ein, der sich von der weißen Schwarte abhebt und so die Aufmerksamkeit des angreifenden Raubfisches erregt.

Dieser Köder ist in erster Linie ein Oberflächenköder, der ausschließlich dann verwendet wird, wenn die Schwarzbarsche in der oberen Wasserschichten patrouillieren. Die Schwarte wird sanft auf und ab bewegt, sc daß sie einem kleinen Wassertier ähnelt. Seltsamerweise kann ein Schwarzbarsch nach fehlgeschlagenen Anhieben wiederholt einen Angriff starten. Die weiche Beschaffenheit des Köders täuscht vermutlich den Raubfisch, der ihn für einen echten Frosch hält.

Speckschwarte, links auf einen Haken gezogen

Günstigste Zeiten für das Angeln auf Schwarzbarsche

Frühling: Nachdem der Schwarzbarsch am Ende des Winters aus seiner Lethargie erwacht ist, entfaltet er eine große Aktivität. Diese besonders günstige Periode beginnt in Südeuropa Anfang März, in Mitteleuropa Mitte April. Daran schließt sich die Laichzeit an. Der Milchner wird dann sehr aggressiv und wirft sich praktisch auf alles, während der eher apathische Rogener die Tiefe aufsucht, um sich zu erholen. Im Südwesten Frankreichs wird eine besondere Einholtechnik mit riesigen, an einem Haken Gr. 1 befestigten Tauwürmern praktiziert, die man auf großen, frisch gepflügten Maisfeldern finden kann. Der Wurm kann durch einen noch wirksameren Plastikköder ersetzt werden. In der Tat verwendet man zunehmend Popper. Milchner an Laichplätzen sollten natürlich zurückgesetzt werden!
Sommer: Die günstigsten Tageszeiten sind der Morgen und der Abend. In der Tagesmitte sollte man schattige Sektoren bevorzugt erkunden. Oberflächenköder wie Popper, Sliders und andere besitzen besonders in den abendlichen Dämmerungsstunden eine große Lockwirkung, einer Tageszeit, wenn die Fische Insekten (besonders Libellen) an der Wasseroberfläche jagen, aber auch Frösche und kleine Wassertiere.
Herbst: Die zunehmende Abkühlung der Gewässer läßt den Schwarzbarsch Futterfische jagen. Er stopft sich ähnlich voll wie der Bär, um für den Winter gewappnet zu sein. Dies ist die beste Zeit, um den Schwarzbarsch mit Wobblern, insbesondere solche des Typs Rapala, zu befischen.
Winter: In dieser Jahreszeit sind ausschließlich lebende oder tote Köderfische erfolgversprechend. Trotz sehr günstiger Bedingungen und einer außergewöhnlichen Dichte der Fische ist der Winter die schlechteste Saison, denn der Schwarzbarsch fällt im Gegensatz zu anderen Raubfischen in einen lethargieähnlichen Zustand. Dennoch hat man mit einem großen, mit einer Bleikappe des Typs Jig beschwerten Wurmköder aus Weichplastik gute Erfolgsaussichten. Der Schwarzbarsch hält sich den ganzen Winter über in Tiefen bis zu 30 m auf. Man geht gemeinhin davon aus, daß er bei Temperaturen unter 10 °C nicht mehr beißt. Das trifft «fast» immer zu; dennoch kann man ein großes Exemplar zum Biß verleiten, wenn man sehr langsam unmittelbar über dem Grund einholt – und das seltene Glück besitzt, bei dieser Arbeit von einigen zu dieser Jahreszeit seltenen Sonnenstrahlen unterstützt zu werden!

Das Spinnangeln mit Kunstködern

Jeder Anfänger ist von der großen Auswahl an farbigen, in allen Situationen einsetzbaren Kunstködern beeindruckt. Einige sind so ausgefallen, daß man meint, sie seien der Phantasie eines Science-Fiction-Autors entsprungen. Und doch arbeiten sie ausgezeichnet! Aus dem einfachen Grunde nämlich, daß die Gier und Aggressivität eines Fisches in unterschiedlichen Stimmungslagen durch alle möglichen behaarten, geflügelten, gefederten und schuppigen Kreaturen aus synthetischem Material ausgelöst werden kann. Der große Vorteil des Spinnangelns mit Kunstködern besteht in der vielseitigen Anwendbarkeit. In der Tat kann man je nach Modell an der Oberfläche zwischen Pflanzen, in mittleren Wasserschichten oder am Grund angeln. Die Köderwahl ist von den jeweiligen Umständen abhängig, aber auch eine Frage der individuellen Neigungen. Die Angler profitieren heute von amerikanischen Erfahrungen dank Firmen wie Ragot, Mepps und anderer, die ein sehr interessantes Sortiment an importierten Produkten anbieten. Es handelt sich natürlich nur um einen kleinen Ausschnitt der amerikanischen Produktpalette, die auf dem Gebiet der Kunstköder eine derart große Auswahl umfaßt, daß es illusorisch wäre, alle farbigen, von amerikanischen Einzelhändlern angebotenen Kunstköder aufzuführen.

Die Wobbler

Sinkende oder schwimmende Wobbler eignen sich zum Angeln besonders am Ende des Sommers (September bis in den Oktober hinein), wenn die großen Schwarzbarsche wieder zunehmend Aktivität entwickeln. Auf Köder der Serie Rapala kann selbstverständlich nicht verzichtet werden. Der Jointed, ein zweiteiliger Wobbler, vereinigt vertikales Absinken mit seitlichen Ausschlägen des Schwanzes.

▲ *Die verschiedenen Modelle des Rapala eignen sich zum Angeln auf Schwarzbarsch in allen Tiefen.*

Der Shad Rap ist ein zuverlässiger Köder, ebenso wie der neu auf dem Markt erschienene Down Deep Rattlin Fat Rap (DRFR), dessen im Rumpf eingelagerten Kugeln während des Einholens ungewöhnliche Geräusche erzeugen. Sollten also die Vibrationen des Köders nicht ausreichen, um einen Angriff auszulösen, so verleiten die seltsam brummenden Kugeln häufig einen widerspenstigen Schwarzbarsch zum Biß. Schließlich ermöglicht die lange Flanke des DRFR ein rasches Absinken auf große Tiefen, was sehr vorteilhaft ist, wenn die Schwarzbarsche die oberen Wasserlagen verlassen haben.

Die Kunstköder mit Propeller, wie Big-Big, Big-Bomb und Big-Pop, vervollständigen diese Palette. Letzterer erzeugt durch seine nach vorne abgekantete Vorderfläche beim Ziehen an der Schnur eine Menge Wasserspritzer.

▲ Klassischer Rapala für das Angeln auf Schwarzbarsch.

▲ Der Big-Big ist ein ausgezeichneter Oberflächenköder.

Die Popper für das Spinnangeln

Verschiedene Oberflächenköder eignen sich für das leichte Spinnangeln. Die farbigen Modelle besitzen einen Einfach- oder zwei Drillingshaken, die mit einem Krautschutz ausgestattet sein können.

Ein Kunstköder der gleichen Kategorie ist der neue Skiperoo von Ragot, dessen nach vorne abgekantete Vorderfläche nicht das für einen Popper charakteristische Geräusche erzeugt, sondern viele Wasserspritzer. Ein anderer von Ragot vertriebener Popper, der Spinpopper, erzeugt hingegen mit seiner konkaven Vorderfläche das für Popper typische Geräusch.

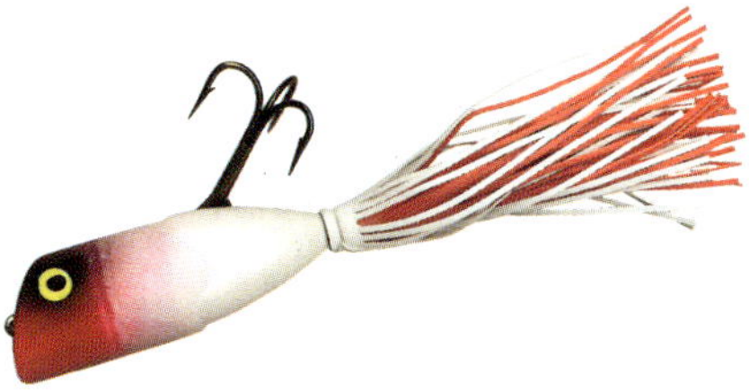

▲ Der Popper Skiperoo von Ragot.

▲ Skinpopper von Ragot.

▲▼ Verschiedene Poppertypen.

Der Hula-Popper

Dieser Popper ist in den USA einer der bekanntesten, seit Jahrzehnten verwandter Oberflächenköder. In Europa ist er seit einiger Zeit erhältlich. Er stellt eine Art Frosch mit verstümmelter Schnauze dar und besitzt einen Doppel- und einen Drillingshaken. Der Rumpf endet mit einer Gummischürze aus Fransen. Er taucht beim Zug an der Schnur wie ein klassischer Popper leicht ab und erzeugt eine Menge Wasserblasen. Er ist in mehreren Modellen und Größen erhältlich. Da der Schwarzbarsch sich besonders für Insekten (große Maikäfer, Hummeln) interessiert, erzielt man ausgezeichnete Ergebnisse mit dem kleinsten Modell dieser Reihe, einem schwarzen, ungefähr 3 cm langen Hula-Popper. Der Köder wird an aussichtsreiche Unterstände geworfen und dann durch unregelmäßig erfolgende Schnurzüge eingeholt.

▲ Der Hula-Popper ist in verschiedenen Farben und Größen erhältlich. ▶

DIE BESTEN STANDPLÄTZE DER SCHWARZBARSCHE

Wie die meisten Raubfische fühlt sich der Schwarzbarsch in der Nähe von Hindernissen wohl. Im Winter patrouilliert er gerne in Grundnähe, zwischen abgesunkenen Baumstümpfen und über Felsgeröll.
Er hat eine Vorliebe für im Wasser stehende Bauten wie Anlegepontons und Übergangszonen zwischen felsigen und sandigen Gründen sowie zwischen starker und schwacher Strömung. In den ersten warmen Tagen des Jahres sucht er von der Hauptströmung abgelegene, von Pflanzen bewachsene Zonen und versteckt sich an schattigen, bewaldeten und unterhöhlten Uferböschungen. Kleine, seichte Buchten und Inseln gehören ebenfalls zu seinen bevorzugten Standplätzen. Eines ist sicher: Die echten großen Schwarzbarsche, von denen jeder Angler träumt, werden im allgemeinen in der Tiefe, seltener an der Oberfläche, mit künstlichen oder natürlichen Ködern gefangen.

Der Arbogaster

Dieser von Fred Arbogaster entwickelte, verblüffend aussehende Kunstköder ähnelt eher einem winzigen Faß als einem Frosch. Er besitzt eine Metallplatte und zwei Drillingshaken, von denen einer am Schwanz unter einer Schürze aus Gummistreifen versteckt ist. Dieses Modell ist zuweilen im Sommer und zu Beginn des Herbstes, wenn große Schwarzbarsche an der Oberfläche jagen, eine Wunderwaffe.

▲ *Dieser große, einem Frosch mehr oder weniger ähnelnde Kunstköder kann am Ende des Sommers sehr wirksam sein.*

Die Frösche aus Weichplastik

Diese Köder besitzen nur einen einzigen, in den Rumpf aus Weichplastik eingeführten Einfachhaken. Die Kunstköder arbeiten auch unter den schlechtesten Bedingungen, inmitten von Seerosen, wo jeder andere Oberflächenköder sich festhaken würde. Ihre Hinterbeine, die auf jeden Schnurzug reagieren, imitieren hervorragend die Fortbewegungsweise eines Amphibs. Sie sind an allen verkrauteten Stellen einsetzbar, vorausgesetzt die Schwarzbarsche scheinen sich für Amphibien zur interessieren!

▶ *Ein mit etwas Phantasie verzierter Frosch kann bei der Suche nach Schwarzbarschen nicht schaden!*

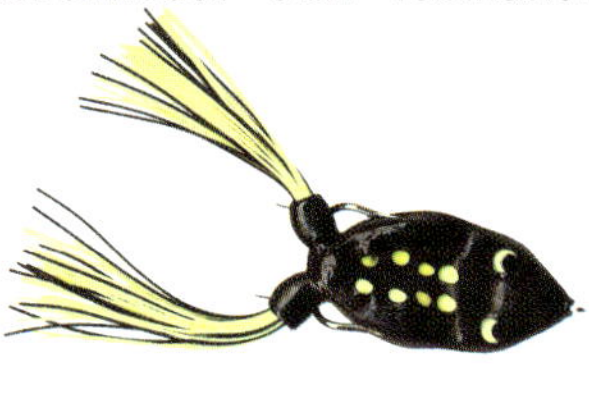

◀ *Dieser schwimmende Frosch besitzt eine Batterie. Sobald er mit Wasser in Berührung kommt, beginnt er zu quaken!*

DIE WEICHPLASTIKKÖDER

Die meisten Weichplastikköder eignen sich – theoretisch – zur Erkundung tiefer oder mittlerer Wasserschichten. Von dieser Regel gibt es – wie so oft in der Angelei – eine ganze Reihe Ausnahmen. Der Slimy Slug zum Beispiel, ist ohne seine Bleikappe ein für das Erkunden sehr dichten Gestrüpps durch nichts zu ersetzender Köder; ein Verheddern des Hakens ist ausgeschlossen, da er tief in das synthetische Material des Köders eingelassen ist. Viele der Weichplastikköder sowie einige Varianten, die Duftstoffe aussenden, werden von der Firma Mepps vertrieben. Der Schwarzbarsch wird zwar nicht unbedingt von Gerüchen angelockt, aber ein mit einem speziellen Duftstoff imprägnierter Plastikköder reduziert fehlgeschlagene Anhiebe, vor allem wenn die Fische sich widerspenstig zeigen. Der Schwarzbarsch zögert nämlich, den Köder wieder freizugeben, wenn er das Aroma von Krustentieren oder Fischen wahrnimmt, zumindest ist sein Mißtrauen in den »folgenschweren« Bruchteilen von Sekunden des Anhiebs gemindert. Einige Experten halten diese Modelle wegen ihrer vielseitigen Anwendbarkeit für die durchweg wirksamsten, denn sie passen sich dem launenhaften Verhalten des Schwarzbarsches an

Die Flußkrebse

Der Flußkrebs ist einer der besten Köder für das Angeln auf Schwarzbarsch. Er eignet sich besonders gut für das Erkunden zwischen tiefgelegenen Pflanzen, wobei seine Lockwirkung durch einen Duftstoff noch vergrößert werden kann. Im Handel sind sogar Modelle erhältlich, deren Beine und Scheren aus Büffelleder hergestellt wurden. Andere in den USA sehr erfolgreiche Modelle, die ebenfalls Flußkrebsen ähneln, haben zahlreiche Tentakel. Die Amerikaner und die Spanier verwenden auch häufig Imitationen von Salamandern.

▲ *Dri Rind, ein Modell mit Beinen und Scheren aus Büffelleder.*

Ein Flußkrebs aus Weichplastik und ein anderer, verwunderlich aussehender Köder mit einem Antitangle-System. ▲ ▶

Die Twister und die Kunstköder

Die Köder sind mit einer Bleikappe versehen oder einfach an einem Haken Gr. 1 befestigt, der tief im Körper steckt. Letztere eignen sich vor allem zur Erkundung oberer Wasserschichten und Wasserpflanzen.

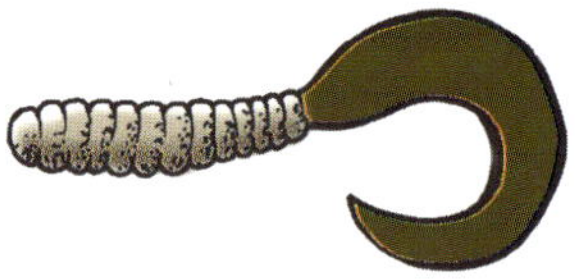

▲ *Für große Tiefen ist man mit einem Weichplastikköder mit Bleikappe bestens gewappnet.*

Der Slimy Slug

Dieser Köder hat schon über 40 Millionen amerikanische Angler von seiner Wirksamkeit überzeugt. Er imitiert ein 15 cm langes Neunauge und dient der Erkundung von sowohl an der Oberfläche als auch in der Tiefe wachsenden Wasserpflanzen. Für den letzteren Fall wird er am Kopf mit einem Jig-Blei beschwert, das mit einem soliden Haken versehen ist. Der Köder muß langsam geführt werden, indem man abwechselnd Schnur abrollt und wieder einzieht und die Einholgeschwindigkeit variiert. Die große Larve taucht auf diese Weise ab, steigt abrupt wieder auf und zappelt mit dem Schwanz, was sehr verlockend auf den Raubfisch wirkt.

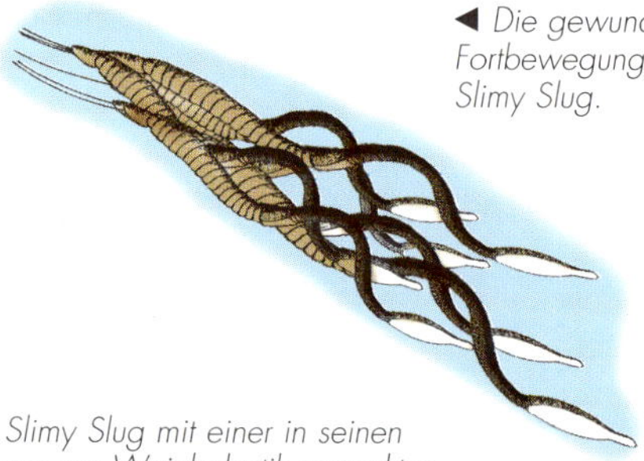

◀ *Die gewundene Fortbewegung eines Slimy Slug.*

Ein Slimy Slug mit einer in seinen Körper aus Weichplastik versenkten Hakenspitze. ▼

Das Gerät

Das Gerät umfaßt eine leichte 2,50–2,70 m lange Spinnrute, deren Stärke der mittleren Größe der zu beangelnden Fische entspricht. Im allgemeinen kommt man mit Ruten von 5–20 g in allen Situationen aus, sollte für große Fische jedoch stärkere verwenden. Die mit einer hochwertigen Bremse ausgestattete Rolle muß 150 m Nylonschnur der Stärke 0,22–0,26 mm fassen. Zur Bezwingung großer Schwarzbarsche an verkrauteten Stellen müssen Schnüre mit größerem Durchmesser verwendet werden. Das Gerät sollte so leicht wie möglich sein, um präzise Würfe erzielen zu können, die einen entscheidenden Faktor darstellen. Einiges zusätzliches Zubehör kann einem große Dienste leisten: Polarisationsbrillen beispielsweise verhindern Lichtreflexe. Gummistiefel und eine Zange zur Entfernung der Drillingshaken sind ebenfalls empfehlenswert.

Der wurmförmige Weichplastikköder

Diese Kunstköder imitieren einen großen 'auwurm. Sie arbeiten an der Oberfläche und ei Beschwerung mit einer Bleikappe auch in er Tiefe. Sollten die Fische sie nicht nehmen, ann man am Kopf ein kleines Blei mit einem uoreszierendem Propeller anbringen. Die von ım erzeugten Vibrationen können zusammen nit dem wackelnden Körper einen Schwarz-arsch zum Biß verleiten. Die Bleikappe kann usätzlich mit einem kleinen Plastikfisch oder einem Weichplastikköder in Fragezeichenform kombiniert werden.

▲ *Ein großer Wurmköder aus Weichplastik, bestückt mit einer Bleikappe und einem Propeller, der vermehrt Vibrationen aussendet.*

Der Roland's Martin Spinnerbait

Dieser in den USA seit langem verwen-lete Kunstköder besteht aus zwei Spinnern und iner Plastikkrake. Seine Wirksamkeit liegt in der Kombination der von den Spinnern erzeugten Vibrationen mit der wiegenden Fortbewegung ler Krake, die eine Bleikappe und eine Schürze aus Gummibändern besitzt. Dieses in den USA ınter dem Namen Roland's Martin Spinnerbait ertriebene Modell arbeitet am Grund, in mittleren und oberen Wasserschichten.

Mepps vertreibt diesen Kunstköder in Europa unter dem Namen Bass Killer. ▶

DIE ANGELPRAXIS

Der »Sinn für das Wasser und den Fisch« und die Beobachtung der Umwelt sind entscheidende Faktoren für den Angelerfolg. Soweit sich die Schwarzbarsche gut sichtbar unter der Oberfläche bewegen, gibt es keine Probleme: Sie können sich einer spannenden Erkundung hingeben, einem echten Sichtangeln, bei dem Sie alle Episoden des Drills, insbesondere den Angriff, intensiv erleben. Der Schwarzbarsch ist jedoch sehr mißtrauisch. Selbst wenn er unbeweglich verharrt, heißt das nicht, daß er die Silhouette des Anglers nicht wahrgenommen hat. Sie müssen sich also behutsam dem Fisch nähern, indem Sie sich zwischen der umgebenden Vegetation verstecken. Sobald Sie die Fische geortet haben, werfen Sie den Köder – einen Wobbler, einen Hula-Popper oder einen Laubfrosch aus Weichplastik – in Richtung des Opfers. Nachdem der Köder den anvisierten Standplatz erreicht hat, müssen Sie ihn einige Sekunden verharren lassen. Der Schwarzbarsch kann sich sehr aggressiv zeigen und mit leicht geöffnetem Maul auf den Köder zuschnellen, sobald dieser im Wasser eingetaucht ist. Er kann sich auch sehr zurückhaltend und völlig unbeweglich verhalten. In der Tat stürzt sich nur jeder zehnte Schwarzbarsch direkt auf seine Beute. Die meisten Oberflächenköder tauchen unter Zug weg und erzeugen mit ihrer ungewöhnlichen Fortbewegung gleichzeitig Vibrationen, die den Angriff des Raubfisches auslösen. Es kann auch passieren, daß der Schwarzbarsch ohne scheinbares Interesse dem Köder folgt und ihn umkreist, während man ihn mit wiederholten Zügen an der Schnur anbietet. In einer solchen Situation kann eine auf der Stelle vibrierende Schnur die widerspenstigsten Fische manchmal doch noch zum Biß verführen. Ein sehr mißtrauischer Fisch läßt von einem Frosch aus Weichplastik oder einem Wobbler genauso schnell wieder ab, wie er sich deren bemächtigt hat. Sie müssen daher gleich auf den Biß hin anschlagen.

Die klassischen Metallköder

Die klassischen Metallköder zählen traditionell zu den wirksamsten Ködern, seien es Spinner (Gr. 1–3) oder Wobbler, wie der Syclops Gr. 2. Schwarze Spinner scheinen eine große Lockwirkung auf den Schwarzbarsch auszuüben, weil er – als Liebhaber von Zwergwelsen – Sie wahrscheinlich mit diesen verwechselt.

◀ *Spinner, deren Haken mit Hecheln, einem kleinen Weichplastikköder oder anderem phantasievollem Beiwerk verziert sind, lösen die Aggressivität des Schwarzbarsches aus.*

Das Fliegenfischen

Das Fliegenfischen ist zwar nicht immer die wirksamste Methode – die Fische müssen sich dazu in der obersten Wasserschicht aufhalten –, bleibt jedoch in den USA strengen ethischen Regeln unterworfen. Dabei ist jedoch beispielsweise ein Popper mit seinem einem kleinen Clown ähnelnden Äußeren kaum mit einer schottischen Lachsfliege vergleichbar, die so schön ist, daß sie die Frauen als Brosche verwenden. Allerdings vergißt man darüber allzuoft, daß das Fliegenfischen nicht nur diese kleinen, burlesk anmutenden Imitationen von Fröschen oder Insekten verwendet. Die amerikanische Schule kreiert nämlich wunderschöne, detailgetreue Nachahmungen: Streamer aus Federn oder Haaren, deren Silhouette vollkommen der einer Maus, eines Frosches, einer Libelle oder einem kleinen Fisch ähnelt. Mit diesen Modellen kann man an der Oberfläche, aber auch in mittleren Wasserschichten und am Grund angeln, was den Anwendungsradius dieses Köders im Vergleich zum Popper erweitert.

Der Angriff eines Schwarzbarsches ist oft sehr beeindruckend. ▶

Die Angelpraxis

Wenngleich der Schwarzbarsch zu gewissen Zeiten regelrecht in Freßrausch fällt – ein Phänomen, das jeder Angler einmal erleben möchte – kann er in anderen, mehr oder weniger lang andauernden Perioden auch die am besten angebotenen Köder ablehnen. Genau hier kommt das Wissen des Anglers zur Anwendung, denn man muß einerseits den Köder nehmen, der in solchen Fällen am wirksamsten arbeitet, aber zugleich vor allem auch die von den Fischen besetzten Unterstände ausmachen. An heißen Sommertagen zum Beispiel, wenn die Schwarzbarsche einmal nicht die Tiefe aufsuchen, halten sie sich fast immer unter schattenspendendem Blattwerk auf. In Teichen finden sie sich auch häufig zwischen ins Wasser hängenden Weideästen, unter Seerosen oder zwischen Schilfrohren. Die perfekte Beherrschung einer Zweihandrute wird in diesen Fällen für weite Würfe vonnöten sein.
Grundsätzlich gilt: Legen Sie die Schnur möglichst geradlinig, und halten Sie anschließend den Popper für mehrer Sekunden still. Manche Angler verlangen sogar eine Minute, bis die an der Wasseroberfläche vom Köder erzeugten Wellenfurchen vollständig verschwunden sind. Dann führen Sie einen kurzen, kräftigen, etwa 10–20 cm langen Ruck an der Schnur aus, damit der Popper absinkt und sein typisches Geräusch inmitten der Wasserblasen und Wasserspritzer zu hören ist. Halten Sie den Köder wieder an, setzen Sie dann das Anbieten fort, wobei Sie ihn auch auf der Stelle zappeln lassen. Der Schwarzbarsch kann, sobald der Köder abgesunken ist, angreifen oder ihm mißtrauisch folgen, bevor er sich schließlich entschließt, in dem ihm geeignet scheinenden Moment anzubeißen. Welcher Moment das ist, entgeht der Anglerlogik.

Die Popper

Selbst große Schwarzbarsche werden Opfer ihrer Neugier, wenn sich dieser seltsame Köder an Hindernissen entlangschlängelt, die einem Einzelgänger als Anstand dienen, bzw. durch die Unterwasservegetation, wo Angler sowieso keinen anderen Kunstköder verwenden.

Von den Tausenden in den USA vertriebenen Oberflächenködern des Typs Popper

Ein kleiner Popper. ▲

sind mittlerweile einige Modelle auch in Europa erhältlich. Diese zeichnen sich durch eine hohe Qualität aus. Alle Hakengrößen von Gr. 1–10 sind vertreten. Die Farbpalette reicht von Dunkelgrün über Gelb, Schwarz und leuchtendes Orange bis zu fluoreszierendem Rot, so daß man für alle Situationen gerüstet ist. Außerdem findet man in guten Angelgeschäften Oberflächenköder in verschiedenen Farben mit einem Einfachhaken oder zwei Drillingshaken, die mit einer Krautschutz-Vorrichtung ausgestattet sind.

▲ ▶ *Kleine Popper eignen sich hervorragend zum Angeln auf Schwarzbarsch, wenn dieser Insekten an der Wasseroberfläche jagt.*

Die kleinen Popper

Zahlreiche Experten halten sich noch immer an die Regel: »Ein großer Popper für einen großen Schwarzbarsch«. Allerdings scheint sie sich nicht immer als erfolgreich zu erweisen, insbesondere an stark überfischten Gewässern. Es passiert nämlich häufig, daß das Werfen eines großen Poppers Panik unter den übermäßig befischten Schwarzbarschen auslöst, und sie durch den großen, seltsame Geräusche erzeugenden Kunstköder sehr verängstigt werden, da er schlechte Erinnerungen wachruft!

Günstige Momente ergeben sich, wenn der Schwarzbarsch über der Wasseroberfläche fliegende Insekten jagt. Die Firma Ragot bietet für diese besonderen Fälle eine prächtige Kollektion winziger Popper an, die mit Haken Gr. 6–12 versehen sind. Darunter finden sich neben mehr konventionellen Imitationen auch sehr surrealistische Modelle. Diese Oberflächenköder ahmen je nach Farbe kleine Maikäfer, Hummeln und andere Hautflügler nach.

◀ *Gnat.*

Bee Boy. ▶

Das Gerät

Der Kampfgeist des Schwarzbarsches erfordert robustes und hochwertiges Gerät. Die durchschnittlich 2,7 m lange Rute mit Spitzenaktion ist auf eine Schnur der Stärke 0,08–0,09 mm ausgelegt. Bei Verwendung einer amerikanischen Rute sollten Sie grundsätzlich die nächst höhere als die vom Hersteller empfohlene Schnurgröße nehmen, um so voluminöse Kunstköder besser werfen zu können. Die besten Schnüre für das Angeln mit Poppern sind keulenförmige (WF) und schwimmende Schnüre. Für das Erkunden mittlerer Wasserschichten mit dem Streamer verwenden Sie am besten sinkende Schnüre. Es gibt auch speziell auf den Schwarzbarsch zugeschnittene Schnurtypen, deren Keulenform noch ausgeprägter ist. Das 2,50 m lange Vorfach kann aus einem einzigen Stück bestehen und sollte, je nach Fischgröße und Verkrautung der Unterstände, einen Durchmesser von 0,22–0,28 mm aufweisen. Eine manuelle Rolle mit tadellos arbeitender Bremse komplettiert die Ausrüstung. Sie sollten Wert auf Robustheit aber auch Leichtigkeit des Geräts legen, um Ihr Handgelenk nicht übermäßig zu strapazieren.

Naturgetreue Fliegen – die amerikanische Schule!

Wenngleich die Amerikaner im Zusammenhang mit Poppern auf Schwarzbarsche eine Vorliebe für das Burleske haben, verstehen sie es auch, insbesondere was Slider und große Streamer anbelangt, naturgetreue Imitationen zu kreieren. Dies ist z. B. der Fall bei einer in Europa vertriebenen Serie, deren Modelle – besonders der Flußkrebs – verblüffende Ähnlichkeit mit lebenden Tieren besitzen.

Ein aus Bärenhaaren angefertigter Flußkrebs. ▶

Die Weißfische

Der Karpfen

Wenige Fische rufen seit dem Aufkommen der englischen Techniken auf dem europäischen Festland eine so große Begeisterung unter den Anglern hervor wie **der Karpfen (Cyprinus carpio)**. *Zudem bilden die Karpfenangler heute eine regelrechte Gesinnungsgemeinschaft mit einem strengen Kodex. Nach dem Schuppenkleid unterscheidet man den völlig mit Schuppen bedeckten* **Schuppenkarpfen**. *Besatzmaßnahmen ermöglichten die Züchtung anderer Stämme.* **Der Lederkarpfen** *beispielsweise ist kaum beschuppt, d. h. sehr spärlich auf dem Rücken und entlang der Flanken.* **Der Spiegelkarpfen** *hingegen besitzt einzelne, gut sichtbare Schuppenpartien auf dem Schwanzstiel, dem Kiemendeckel, dem Rücken und den Flanken.* **Der Zeilkarpfen** *schließlich besitzt je ein einziges Schuppenband auf der Seitenlinie und dem Rücken.*

Die englischen Karpfentechniken

Diese Techniken verwenden ein sehr ausgereiftes Gerät und bedienen sich tausend kleiner Tricks, insbesondere bei der Herstellung der Köder. Die englischen Techniken sind am besten für den Fang von großen Karpfen geeignet, die in unseren Gewässern verhältnismäßig zahlreich vorkommen. Der Karpfen wird systematisch wieder ins Wasser zurückgesetzt, und die Fischereiverbände gestatten in bestimmten Gewässern zunehmend das Nachtangeln. Dieses Privileg darf als Anerkennung für den ausgeprägten sportlichen Geist der Karpfenangler und auch als Vertrauensbeweis verstanden werden.

Die natürlichen Köder

Einige Karpfenangler verwenden je nach Bedingungen durchaus erfolgreich Köder pflanzlichen Ursprungs, wie Weizen, Mais, dicke Bohnen oder Soja.

Eine klassische Karpfenrute mit dem bekannten Kampfgriff. ▶

Das Gerät

Das sehr spezielle Gerät besteht aus drei Ruten mit Kampfgriffen, die ausgezeichnet in der Hand liegen. Ihre Länge variiert mit der mittleren Größe der zu beangelnden Fische, aber auch der erforderlichen Wurfweiten von 3,60 m (Tragkraft 1,5 Lbs) bis 3,90 m (Tragkraft 2 Lbs). Als Rolle muß ein für das leichte Spinnangeln konzipiertes Modell genommen werden. Sie ist ein wichtiger Bestandteil der Ausrüstung und sollte sehr robust sein. Die Spule muß eine große Einholkapazität besitzen, 200 m einer 0,28–0,35 mm starken Schnur fassen können und mit einer starken Bremse ausgestattet sein. Letztere ist entscheidend für den Erfolg, wenn man bedenkt, daß der Karpfen blitzschnell davonprescht und in einem Zug 100 m Schnur ziehen kann. Freilaufrollen sind ideal. Die Rutenhalter verfügen über einen akustischen und visuellen Bißanzeiger und einen »Affenkletterer«, der im Moment des Davonpreschens des Fisches nach oben steigt. Diese Methode ist vor allem in der Nacht, wenn man vor sich hin döst, interessant, denn der Bißanzeiger spielt regelrecht die Rolle eines Weckers.

Das Anfüttern

Die überwiegende Mehrheit der Karpfenspezialisten favorisieren Boilies. Dies sind synthetische, parfümierte Futterballen, die kleinen Murmeln ähneln. Es gibt sie in mehreren Farben und Aromen (von Schalentieren, der Banane oder der roten Grütze), welche auf die Geschmackspapillen des Fisches wirken.

Vakuumverpackte Boilies. ▶

DIE ANGELPRAXIS

Der Fang kann in großen Gewässern sehr heikel sein, vor allem, wenn es an Orientierungspunkten fehlt. Karpfen können sich durch Blasen oder Sprünge verraten, oft gibt es aber keinerlei Hinweise. In diesem Falle sollten Sie versuchen, die a priori günstigsten Standplätze zu orten, beispielsweise wasserumspülte Pflanzen, Pflanzengürtel, die unmittelbare Umgebung von Inseln, versunkene Bäume in Stauseen. Jeden dieser Unterstände sollten Sie erforschen. Gehen Sie dabei gründlich und vor allem vorsichtig vor, was besonders an Talsperren nicht einfach ist. Ausloten ist dann eine Alternative. Um dies zu bewerkstelligen, wirft man das Blei weit aus und beginnt bei geschlossenem Bügel, sobald das Blei die Oberfläche berührt hat, die Sekunden zu zählen, bis es den Grund erreicht hat.

Diese Prozedur müssen Sie mehrmals wiederholen, indem Sie großflächig auswerfen, bis Sie eine geeignete Stelle geortet haben. Nachdem Sie die Rute auf das Gestell gelegt haben, lassen Sie die Schnur entlang des Bißanzeigers und des Affenkletterers gleiten. Mit zwei oder drei Windungen spannen Sie daraufhin sehr leicht die Schnur und warten ab – bis der Karpfen davonprescht, was durch das Aufsteigen des Affenkletterers und die Signale der akustischen oder visuellen Bißanzeiger angezeigt wird.

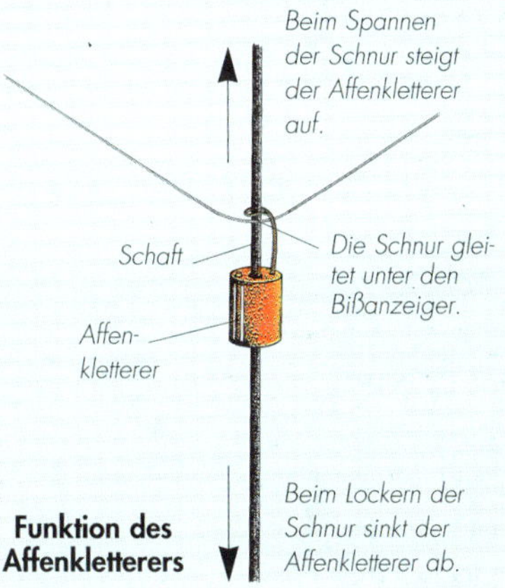

Funktion des Affenkletterers

Die Montage

Die meisten Karpfenmontagen bestehen aus einer dünnen Nylonschnur, auf die das Boilie gezogen wird, die sogenannte Haarmontage. Das »Haar« sitzt im Hakenschenkel. Diese Montage hat den Zweck, die Aufmerksamkeit sehr mißtrauischer Karpfen zu täuschen. Zusätzlich verfügt dieser Montagetyp immer über einen mit einem (fakultativ gleitenden) Blei beschwerten Seitenarm, an dem ein Antitangle-System befestigt ist.

Es gibt zahlreiche, für die jeweiligen Umstände geeignete Variationen. Die Selbsthak-

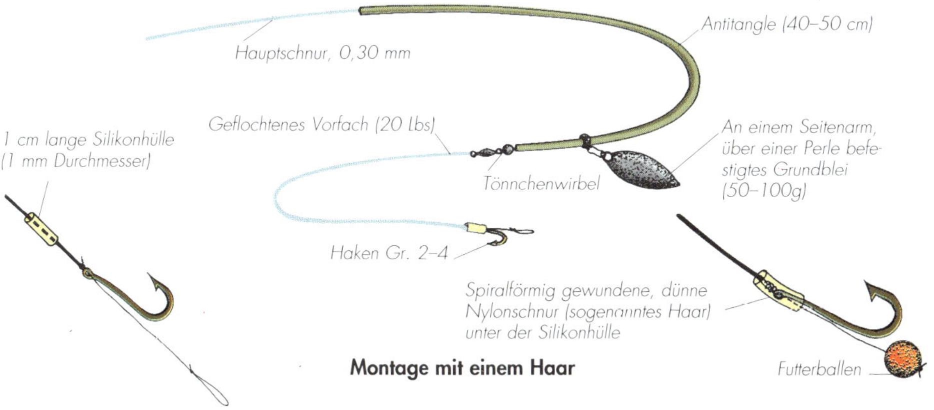

Montage mit einem Haar

Montage, bei der das Bleigewicht arretiert ist, eignet sich für sehr mißtrauische Fische, bei der sich die Fische selbst anschlagen, sobald sie den Köder verschlungen haben. Das Anbieten eines über dem Grund schwebenden Boilies verhindert sein Verschwinden im Schlick, so daß es der Aufmerksamkeit der Fische nicht entgehen kann.

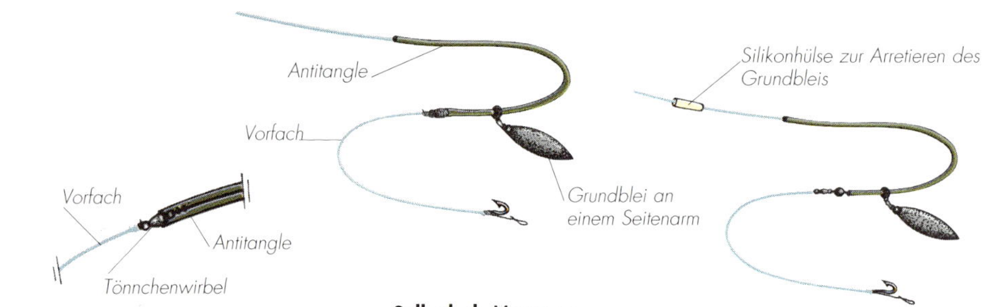

Selbsthak-Montage

Das Anködern

Die Verwendung von Boilies erfordert eine vorherige Gewöhnung der Fische an diese Köderform, was dadurch erreicht wird, daß man sie mehrere Tage mit der Schleuder anfüttert.

Sobald die Karpfen sich an diese kleinen, verschiedene Aromen verbreitende Leckerbissen gewöhnt haben, schnappen sie anstandslos danach. Es gibt verschiedene Futterschemata: x- oder t-förmig gelegte Köder, wenn die Fische ruhelos umherwandern, großflächig, präzis gesetzte Futterteppiche, wenn sie sich für einen festen Standplatz entschieden haben.

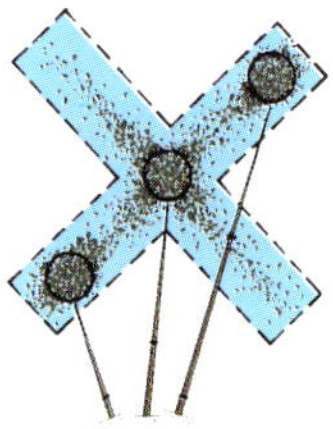

X-förmiges Futterschema

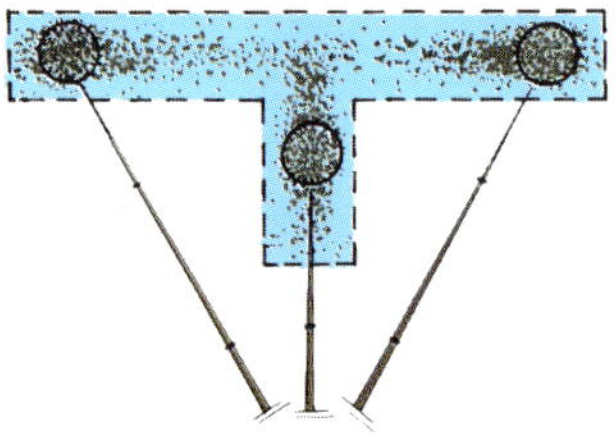

T-förmiges Futterschema

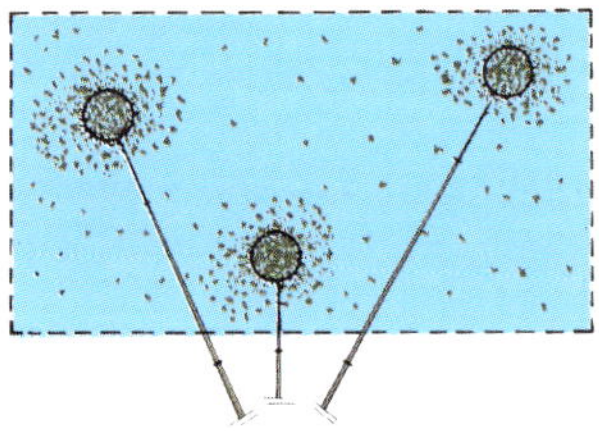

Auf drei Stellen konzentriertes Anfüttern

Das Sichtangeln

Diese Methode ist an den ersten warmen Tagen des Jahres sehr wirksam, wenn die Karpfen die Nahrungssuche wieder aufnehmen. Sie darf nur in Teichen und in Fließgewässern abseits der Strömung praktiziert werden. Wenngleich sie heute von Karpfenanglern nicht mehr angewandt wird, war sie früher in Gegenden mit vielen Teichen üblich.

Die Köder

Die Karpfenfischer verwenden seit jeher mit großem Erfolg große Tauwürmer. Im Sommer kann alternativ ein einfacher Brotwürfel ebenfalls als sehr wirksamer Köder benutzt werden. Man kann sogar erfolgreich Maiskörner verwenden.

Das Gerät

Es ist robust und umfaßt eine starke, beringte Rute, die mit einer Stationärrolle bestückt ist, deren Spule 200 m einer 0,35–0,40 mm starken Schnur faßt.

Die Montage

Der Haken wird direkt an das Vorfach angebracht. Manchmal ist eine zusätzliche Beschwerung in Form eines Spaltbleis erforderlich, damit der Köder absinken kann.

DIE ANGELPRAXIS

Die Uferbereiche von Teichen mit reichlich Vegetation werden gründlich erkundet, indem man sie leise abwandert. Es geht darum, Fische auf Nahrungssuche zu orten, die wegen der geringen Wassertiefe leicht ausgemacht werden können. Oft ragt sogar ein Teil des Fischrückens über die Wasseroberfläche heraus! Ansonsten fallen die Fische durch Strudel, Wasserblasen und aufgewirbelten Schlick auf, der von der Wühlarbeit der sich langsam fortbewegenden Fische herrührt. Es genügt in solchen Fällen, den Köder so unauffällig wie möglich vor den Karpfen, auf die von ihm eingeschlagene Strecke zu legen. Der Karpfen wird, soweit sein Mißtrauen nicht geweckt wurde, unweigerlich den in seinem Nahrungskorridor befindlichen Köder nehmen. Die einzige Schwierigkeit liegt in der Beherrschung des Drills, denn oft steht man dabei an sehr verkrauteten Stellen, auf die der Karpfen zusteuert.

Der erste Fang (mit einem Wurm!) – und wahrscheinlich der Anfang einer großen Leidenschaft ! ▶

DER FUTTERBALLEN

Diese mit dem gleichen Gerät wie für das Sichtangeln arbeitende Methode ist zwar in Vergessenheit geraten, erweist sich aber als äußerst wirksam an Flüssen und überall dort, wo die Fische mit Futterballen überfischt wurden und mißtrauisch geworden sind.

Das Lehm- oder Tonknäuel

Es handelt sich hier um eine eiförmige Kugel aus gut durchsiebter Ton- oder Lehmerde. Die Erde wird zuvor mit Wasser angefeuchtet, um die gewünschte Festigkeit zu erhalten und die Formbarkeit zu erleichtern. Das Knäuel enthält reichlich Maden.

Die Montage

Die Montage ähnelt derjenigen für das Tastangeln am Grund und besteht, je nach Strömungsstärke, aus einem 20–60 g schwerem Olivenblei. Dieses stößt an eine den Knoten des Karabinerwirbels schützende Silikonhülse. Ein 60 cm langes Vorfach mit einem Einfachhaken Gr. 6 oder Drillingshaken Gr. 10 komplettiert die Montage.

Ein großer Karpfenkescher. ▶

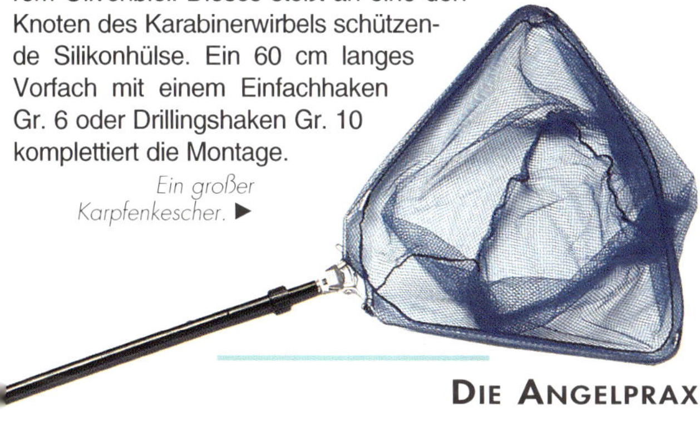

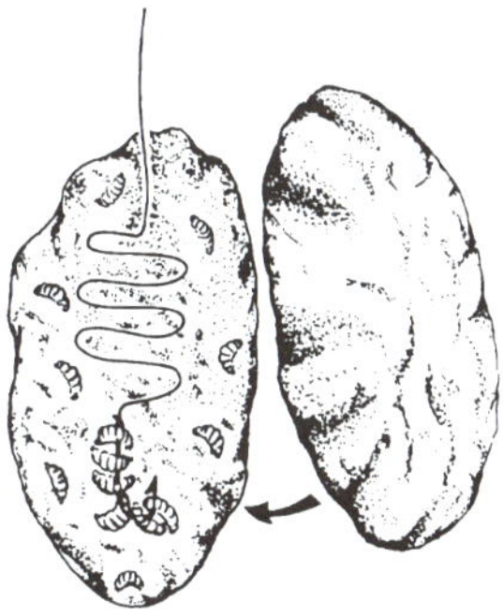

▲ *Ein Teil des mit dem Haken bestückten Vorfachs, an dem ein Bündel Maden befestigt ist, wird in dem Knäuel versteckt.*

DIE ANGELPRAXIS

Wichtiger Hinweis: Moderne, handelsübliche Futterkugeln (»Feeder«) ersetzen den klassischen Futterballen aus Lehm oder Ton voll und ganz, die bebleiten Modelle müssen lediglich mit Maden gefüllt werden.
Das reichliche Anbieten von Futterkugeln mehrere Tage im voraus wird die Karpfen an diese Köderform, bei welcher sie die Maden herausziehen können, gewöhnen. An einem Fluß bieten Sie am besten in einem großen Graben oder einem tiefen, ruhigen Strudel an. Warten Sie unbedingt das Davonpreschen des Karpfens ab, bevor Sie anschlagen.

Die Plötze und die Rotfeder

Beide Fische gehören zu den am häufigsten gefangenen in Europa. Zahlreiche Fangtechniken werden auf sie angewandt, darunter einige regionale Spezialitäten, wie das Bolognaise-Fischen oder das Stippfischen mit Gummizug, eine von Kanalfischern entwickelte Technik.

***Die Plötze* (Rutilus rutilus),** *auch Rotauge genannt, schimmert silbrig und ist von gut sichtbaren Schuppen bedeckt, die sich leicht lösen. Nur der Rücken besitzt eine dunklere Schattierung. Die Flossen sind häufig rot bis rosa gefärbt. Die Plötze frißt sowohl wirbellose Wassertiere, Würmer, Weichtiere oder kleine Schalentiere als auch Wasserpflanzen (halbverrottete Pflanzenteile, Wasserpest, Tausendblatt, Wasserlinsen, Armleuchteralgen und dergleichen). Sie besiedelt zahlreiche Wasserbiotope, wie Seen, Teiche, große und langsam fließende Flüsse.*

***Die Rotfeder* (Scardinius erythrophtalmus)** *ähnelt morphologisch der Plötze, unterscheidet sich von ihr jedoch relativ deutlich durch einen höheren Wuchs und seitlich eingedrückte Flanken. Ihr stärker glänzendes Schuppenkleid schimmert häufig golden. Die Flossen der Rotfeder sind stets intensiv rot gefärbt, woran man sie eindeutig identifizieren kann. Sie scheint eher pflanzliche Nahrung zu bevorzugen, vor allem Algen und pflanzliche Überreste. Wie die Plötze tritt sie gerne in Rudeln auf, die je nach Jahres- und Tageszeit in allen Wasserschichten patrouillieren. An sehr heißen Sommertagen liegt sie gerne träge direkt unter der Wasseroberfläche.*

Das Stippangeln

Das Stippangeln ist sicherlich die von den Plötzenfischern am meisten angewandte Technik, zumal es sehr leicht auszuüben ist. Die Plötze ist bei der Nahrungssuche nicht sehr wählerisch und interessiert sich deshalb für tierische und pflanzliche Köder.

Die Larve der Zuckmücke

Diese Larve kommt an leicht verschmutzten Schlickgründen vor. Vermutlich ist ihre rubinrote, appetitlich aussehende Farbe der Grund dafür, daß sie von den Plötzen (und den meisten anderen Weißfischen) so gerne genommen und sehr selten abgelehnt wird! Man kann die Larven in Angelgeschäften kaufen oder selbst mit einem kleinlöchrigen Sieb fangen, das man durch den Schlick zieht. Dieser sehr empfindliche Köder muß auf einen dünnen Haken Gr. 20–24 gezogen werden. Kleine Laubwürmer können die Larve der Zuckmücke ersetzen, wenn diese nicht verfügbar ist.

DAS GERÄT

Eine klassische, 5–6 m lange Stipprute ist gut geeignet, vorausgesetzt, es handelt sich um ein Teleskopmodell. Experten des Wettkampfangelns verwenden eher Steckruten; sie angeln damit »unter der Rute« und können beim Biß sofort anschlagen. Allerdings müssen sie zum Lösen des gefangenen Fisches vom Haken die einzelnen Rutenteile auseinandernehmen.

Die Maden

Die Fleischfliege gehört zweifelsohne zu den genetisch am besten erforschten Insekten, dies mit dem Ziel, spezielle, an den Bedürfnissen des Anglers ausgerichtete Rassen zu züchten. Auf dem Markt wird heute eine große Auswahl an Maden verschiedener Größe und Farben angeboten, die allen Ansprüchen der Angler genügen.

Die weiße Made

Die weiße Made ist wegen ihrer vielseitigen Verwendbarkeit der am meisten verkaufte Köder.

Die vielseitig verwendbare Made wird zuweilen auch unangebracht benutzt, z. B. beim Forellenangeln! ▶

Die jungen Fleischmade

Diese winzige Made wurde zur Züchtung einer Rasse verwendet, die der Larve der Zuckmücke ähnelt. Ihre resistente Oberfläche gewährleistet einen perfekten Sitz des Hakens. Man verwendet sie sehr oft zum Angeln auf Plötzen, Lauben und Gründlinge.

Die Pinkies

Diese rosa gefärbten Maden (der Farbstoff ist in Deutschland verboten) ähneln den jungen Fleischmaden, sind allerdings größer und unterscheiden sich von diesen durch ihre Eigenschaft, ständig zu zappeln. Zu einem Futter beigemischt, erhöhen sie wesentlich dessen Lockwirkung und ziehen kleine Fische an.

◀ Pinkies eignen sich zum Angeln auf kleine Weißfische, wie Lauben oder Gründlinge.

Die großen Madenarten

Sehr große Maden stammen meist von Mücken ab, die ihre Eier in völliger Finsternis ablegen. Ihre spezielle Art der Fortpflanzung erklärt ihr seltenes Vorkommen.

Die Gozzer

Auch die Gozzer sind sehr große Madenarten, die für den Fang von großen Plötzen, Karpfen oder Brassen geeignet sind.

Die verpuppten Maden

Hierbei handelt es sich um die Puppen, in die sich die Maden einschließen, bevor sie zu echten Insekten werden. Dieser zu früheren Zeiten sehr häufig benutzte Köder verzeichnet heute wieder eine steigende Anhängerschaft unter den Anglern.

Verpuppte Maden. ▶

DIE ANGELPRAXIS

▲ *Stippfischen auf Plötzen.*

Der Fang beginnt mit einem gründlichen Ausloten des betreffenden Bereichs. Auf diese Weise können Sie exakt die Tiefe bestimmen und damit die Pose so einstellen, daß sie in Grundnähe treibt. Im Sommer können die Plötzen sich allerdings nahe der Oberfläche oder in mittleren Lagen aufhalten, so daß Sie sorgfältig alle Schichten erkunden müssen. Sie können den Köder nach einem im Handel erhältlichen Rezept zubereiten und beschweren ihn anschließend mit Erde, so daß er in fließenden Gewässern schwer genug ist.
Die Lockmanöver sind sehr wichtig. Das gilt vor allem wenn man mit Hanfsamen angelt. Die Befestigung an einem dünnen Eisenhaken Gr. 18 gestaltet sich etwas schwierig, da die Spitze unter dem Keim hervorstehen muß; außerdem kann die Plötze den Samen geschickt vom Haken lösen, eine Tatsache, die die große Zahl von fehlgeschlagenen Anhieben erklärt.

Der Hanfsamen

Es handelt sich um den Samen des für die Textilindustrie angebauten Faserhanfes, nicht zu verwechseln mit Haschisch. Man erhält die Körner in Angelläden, kann sie aber auch selbst ansetzen. Man muß sie lange genug kochen lassen – mindestens 35–40 Minuten – damit die kleinen, weißen Keime zum Vorschein kommen. Anschließend beendet man den Siedevorgang.

Hanfsamen ist im Handel auch vakkuumverpackt erhältlich. ▶

Der Weizen

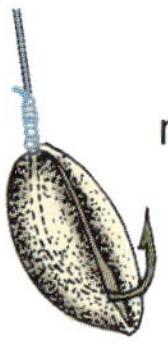

An manchen Sommertagen hat man nur mit Weizen Erfolg, vorausgesetzt man füttert schon mehrere Tage im voraus an. Ein wiederholtes Erneuern des Köders ist während des Angelns nötig, um die Plötzen an der Stelle zu halten (alle drei Würfe). Der Weizen muß gut durchgekocht sein: Er sollte zunächst 24 Stunden in kaltem Wasser angesetzt werden und anschließend bei niedriger Flamme eine bis zwei Stunden köcheln, bis die Körner leicht aufplatzen. Das kleine Samenkorn wird zum Angeln an einem feinen Haken der Gr. 14 befestigt.

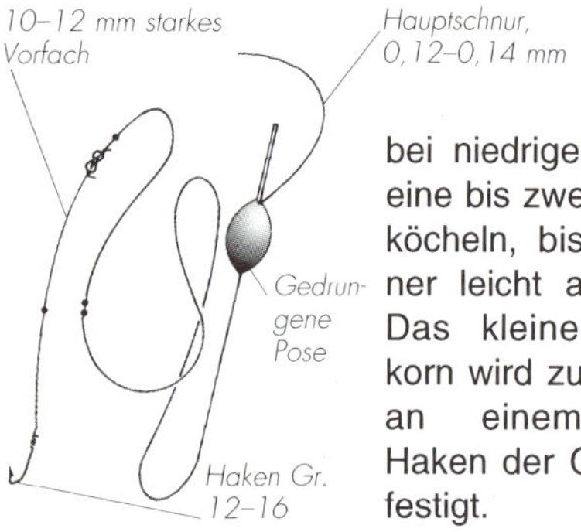

Der Teig

Im Handel sind zahlreiche Teigsorten erhältlich, aber selbst der ungeübteste Hobbykoch kann sich auch selbst seinen eigenen Teig zubereiten, indem er Wasser, Mehl, zerstampfte Kartoffeln und Eier mit Honig vermischt. Der Teig ist das ganze Jahr hindurch ein hervorragender Köder.

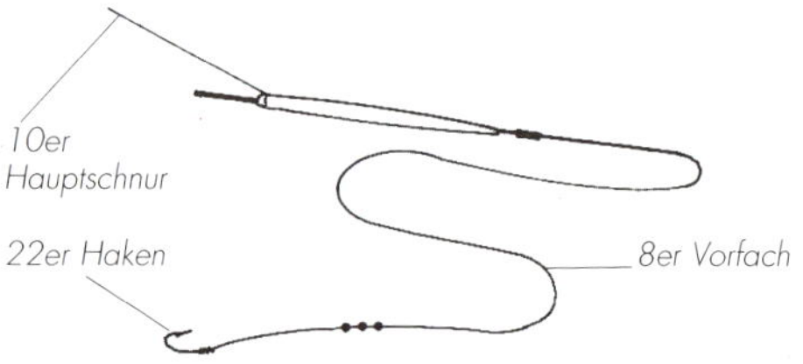

Sehr dünne und leichte Montage für das Angeln mit Teig

Das Brot

Einige Brotsorten bieten dem Haken einen guten Halt, hier geht Probieren über Studieren. Man kann auch kleine, frische Brotwürfel verwenden.

Makkaroni

Im Handel gibt es spezielle, für die Angelei hergestellte Makkaronisorten zu kaufen. Dieser Köder eignet sich eigentlich die ganze Saison über.

Die Montage

Die Montage hängt von den zu erkundenden Unterständen ab. An schnell fließenden Flüssen ist eine schwere Pose mit verteilter Bebleiung oder einem zusätzlichen Olivenblei erforderlich. An Teichen nimmt man dünnere Montagen mit einer sehr empfindlichen, spindelförmigen Pose und weichem, verteilt angebrachten Blei. Erzeugt ein starker Wind Wellen, nimmt man die erste Montage. An der 0,10 mm starken Hauptschnur ist ein 50 cm langes Vorfach mit 8 mm Durchmesser befestigt.

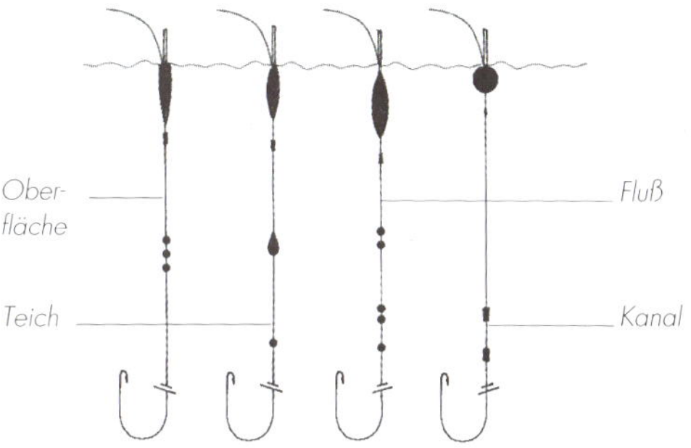

Mehrere Montagetypen für unterschiedlich beschaffene Standplätze

Das Stippangeln mit Gummizug

Beim Stippangeln mit Gummizug handelt es sich um eine spezielle Fangtechnik der Kanalfischer. Das Besondere ist der Gummizug, der an der Rutenspitze in einem Winkel aus Kohlefaser hängt. Der Grundgedanke ist genial, denn man kann auf diese Weise unter Verwendung des erforderlichen dünnen Geräts (insbesondere der Nylonschnur) große, sehr mißtrauische Fische bezwingen. Als Köder eignen sich die meisten Plötzenköder-Arten.

Die Montage

Die Montage besteht aus einer schweren, sensiblen Pose (für große Plötzen). Für letztere und das Grundangeln sollte man eine massive Beschwerung mit zusätzlichem Olivenblei anbringen. An der 0,10–0,12 mm starken Hauptschnur befindet sich ein 30 cm langes, 0,08–0,10 mm starkes Vorfach, das je nach Köder mit einem Haken Gr. 14–18 bestückt ist.

Die Bolognese-Technik

Diese dem Matchangeln verwandte Technik ist eine auf dem europäischen Festland schon wesentlich länger ausgeübte Methode. Sie entspricht den Erfordernissen für das Flußangeln und ermöglicht die wirksame Erkundung langer, von den Plötzen besiedelter Strömungsabschnitten. Außerdem eignen sich die schweren, stabilen Bolognese-Posen mit Kiel sehr gut für das Angeln in Turbulenzen.

Das Gerät

Eine Bolognese-Rute mißt 6–7 m. Sie ist eine mit weit abstehenden Ringen versehene Teleskoprute und besitzt eine sehr weiche und dennoch kraftvolle Spitze aus Vollkarbon. Eine Stationärrolle macht das Gerät komplett.

Die Bolognese-Posen besitzen immer eine hohe Tragkraft. ▶

Montage

Die Bolognese-Pose gleitet entlang einer 0,10–0,12 mm starken Hauptschnur. Sie ist mit einem massiven Blei beschwert, das den Köder in die Tiefe bringt; evtl. kann ein Olivenblei mit etwas Spaltblei hinzugefügt werden. Am 40 cm langen Vorfach mit 0,08–0,10 mm Durchmesser von ist ein zum Köder passender Haken angebracht.

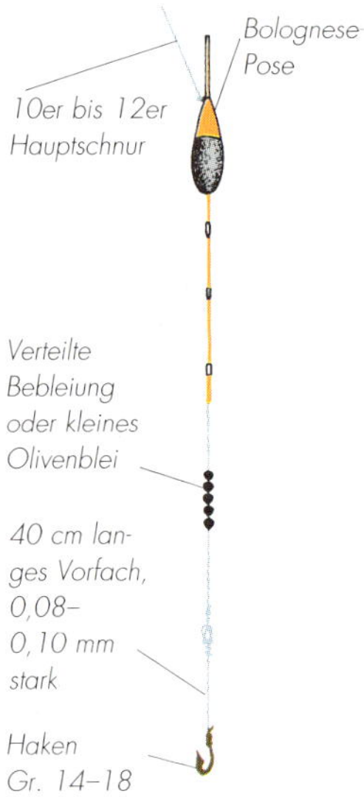

DIE ANGELPRAXIS

In diesem Fall geht es um ein flußabwärts gerichtetes Angeln, bei dem man die Montage weit abtreiben läßt. Beim Anbieten müssen Sie darauf achten, daß der Köder über dem Grund gleitet, um ein Festhaken zu verhindern. Beim Anfüttern werfen Sie Futterballen, die denen am Haken entsprechen.

Dieser junge Angler ist sehr stolz auf seinen Fang, eine prächtige Plötze! ►

DAS FLIEGENFISCHEN

Diese sehr amüsante Technik ist eine gute Übung für Forellenfischer, wenn es im Sommer die Fische, vor allem die Plötzen, an die Wasseroberfläche zieht

Die Fliegenmuster

Es eignen sich grundsätzlich alle auf einen Haken Gr. 18–22 gezogene Muster, wie Köcher-, Palmer-, Stubenfliegen, Ameisen und Spinnen. Manchmal nimmt man für sehr große Plötzen, die sich beispielsweise für Heuschrecken interessieren, sehr voluminöse Modelle (auf einem Haken Gr. 14).

◄ *Eine winzige, auf einen Haken Gr. 16 gezogene Spinne zum Fang von Plötzen mit der Trockenfliege.*

Ein kleines, auf einen Haken Gr. 18 gezogenes Aufsteigermuster. ►

DAS GERÄT

Man verwendet eine 1,8–2,4 m lange Rute, die für eine Schnur der Klasse 3 ausgelegt ist. Das Vorfach ist 3 m lang und besitzt eine 0,10 mm starke Spitze.

DIE ANGELPRAXIS

Sie können entweder nach Fliegen schnappende Fische mit der Methode des Sichtangelns fangen oder blind das Wasser abfischen und sich besonders zur Mitte des Sommers auf schattige, am Uferrand gelegene Zonen konzentrieren. Am hellichten Tage verstecken sich die Plötzen an diesen Stellen unter der Oberfläche und lauern auf ins Wasser fallende Insekten. Sie können mit der Fliege auch Rotfedern und sehr große, am Grund weilende Plötzen angeln. Diese Technik hat sich für den Fang prächtiger Fische ausgezeichnet bewährt. Bei den Fliegen nehmen Sie am besten sehr buschige Nymphen oder Muster des Typs Palaretta, die Sie unbedingt unmittelbar über dem Grund arbeiten lassen.

◄ *Eine mit der Trockenfliege gefangene Rotfeder.*

Die Brasse

Die an ihrem scheibenförmigen, seitlich zusammengedrückten Rumpf erkennbare **Brasse (Abramis brama)** *kann mit keinem anderen Fisch verwechselt werden. Ihr Körper ist von großen, gut sichtbaren Schuppen bedeckt. Sie weist eine bläulich-graue oder silberne Färbung auf. Ihr verhältnismäßig kleines Maul besitzt keine Bartfäden. Als Allesfresser ernährt sie sich von diversen wirbellosen Tieren und Pflanzenresten. Sie kommt in langsam fließenden Flüssen und stehenden Gewässern mit reichlich Vegetation vor, wo sie in unterschiedlich großen Schwärmen patrouilliert.*
Große Brassen werden von den englischen Anglern sehr geschätzt, die sie mit speziellen Techniken fangen, bei der die Funktion der Rolle im Vordergrund steht. Sie ist ein in den erwähnten Gewässern häufig anzutreffender Fisch, insbesondere auch in Stauseen, wo sie das respektable Gewicht von 2–3 kg erreichen kann.

Das Matchangeln auf Grund

Die Leistungsfähigkeit des für diese Technik verwandten Geräts ermöglicht die Erkundung weit vom Ufer entfernter Standplätze, wo sich die größten Brassen aufhalten. Diese Technik ist sicherlich die für den Brassenfang am besten geeignete.

Die Montagen

Mehrere Montagetypen können zum Einsatz kommen. Die klassische Montage besteht aus einer Beschwerung (einem Arlesey-Blei), die mit der Hauptschnur über einen Wirbel verbunden ist, der seinerseits an ein Antitangle-Röhrchen stößt. Das Gewicht sollte je nach Wurfweite und Strömung (falls vorhanden) zwischen 5 und 30 g wiegen. Für sehr weit vom Ufer entfernte, große Wurfweiten erfordernde Standplätze kann das Arlesey-Blei durch einen Futterkorb ersetzt werden: Es handelt sich um einen, mit zahlreichen Löchern versehenen, kleinen Zylinder, in dem sich die Köder befinden.

Futterkorb-Montage

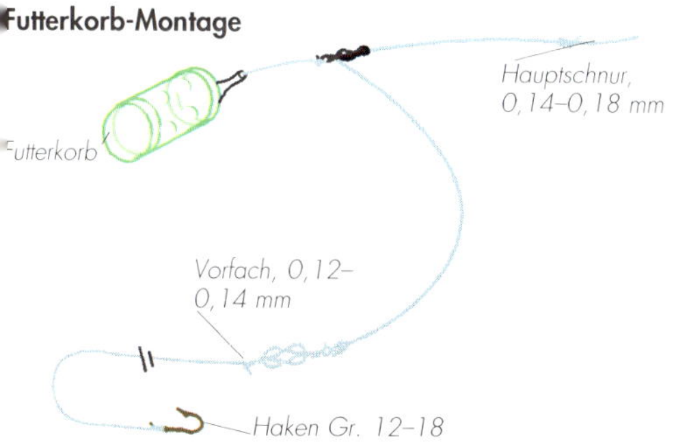

Montage für das Matchfischen

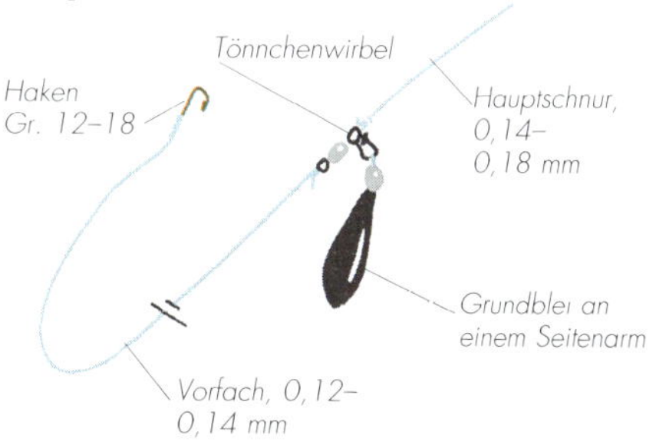

Die Köder

Die Made ist der am häufigsten verwendete Köder, jedoch bevorzugen sehr mißtrauische und stark beangelte Fische zuweilen die Larve der Zuckmücke oder den Laubwurm. Die Brasse schätzt im allgemeinen kombinierte Köder, zum Beispiel Mischungen aus roten und weißen Maden sowie Laubwürmer. Im Sommer liefern Weizen und Buttermais ebenfalls gute Resultate.

Maden und Laubwürmer sind die häufigsten Köder für Brassen. ▼ ▶

DAS GERÄT

Das Gerät besteht aus einer 3,60 m langen Matchrute, deren Spitze ein Gewinde aufweist, das der Aufnahme des Bißanzeigers (Quiver-tip) dient. Dieser reagiert sehr empfindlich und registriert kaum wahrnehmbare Bisse in großer Entfernung. Die Stationärrolle ist mit 200 m Schnur der Stärke 0,16 mm (für große Fische 0,18 mm) aufgefüllt.

Nylonschnüre für das Matchfischen sind häufig besonders präpariert, um das Absinken zu ermöglichen. ▶

Das Anfüttern

Das Anfüttern mit der Schleuder vor dem eigentlichen Angeln ist unabdingbar, weil man damit die Brassen anlockt und sie an den Köder gewöhnt. Am besten beginnt man damit am Vortag der Angelpartie, indem man die Fische reichlich mit dem Köder versorgt und darauf achtet, sie nicht zu verschrecken. Am nächsten Morgen wirft man zunächst nochmals ein paar Köderballen mit der Schleuder aus, um den Appetit der Brassen zu wecken.

Ihre Freßlust ist zuweilen so groß, daß man sie am Vortag reichlich anfüttern muß, denn die Fische haben die Nahrung sehr schnell aufgenommen und verlassen die Stelle, sobald nichts mehr zu finden ist. Im Handel sind hervorragende Ködermischungen für Brassen erhältlich.

◀ *Zahlreiche Hersteller bieten heute hochwertige Ködermischungen an.*

Das Anfüttern mit der Hand für das Angeln mit der Stipprute. ▶

Die Angelpraxis

Sie sollten den Köder an die tags zuvor angefütterte Stelle werfen, um die Fische nicht zu verschrecken. Anschließend holen Sie ihn langsam Richtung Unterstand ein. Die Schnur wird leicht gespannt, und das Warten beginnt! Die Brassen verraten sich durch an die Oberfläche aufsteigende Wasserblasen. Sobald die Blasen sich dem Köder nähern, müssen Sie auf das jeden Moment einsetzende Davonpreschen des Fisches gefaßt sein, dem ein kurzes Zittern der Rutenspitze vorausgeht. Beim Ausbleiben des Bisses können Sie eventuell einige Kurbelumdrehungen ausführen, um den Köder etwas von der Stelle zu bewegen; das weckt zuweilen die Neugierde der Brassen.

Beim Grundangeln befindet sich die Spitze der Matchrute immer unter Wasser. ▼

Das Matchfischen mit der Pose

Auch bei dieser Technik kommt einem das leistungsfähige Gerät zugute, mit dem man weit entfernte Standplätze erkunden kann. In Flüssen kann man damit die Montage weit abtreiben lassen und auf diese Weise systematisch große, langsame und tiefe Strömungen erkunden.

Die Angelpraxis

Wie zuvor erwähnt, ist ein reichliches Anfüttern sehr wichtig, das mit der Schleuder wiederholt werden muß, mit der man die Futterballen auf große Distanzen befördern kann. In ruhigem Wasser bringen kleine Lockmanöver (leichte Schnurzüge) bei ins Wasser eingetauchter Rutenspitze häufig auch widerspenstige Fische zum Anbeißen. Im Fluß müssen die Schnurzüge regelmäßig erfolgen, um den Köder immer wieder vom Grund zu heben.

▲ *Die Schleuder eignet sich zur Beförderung der Lockköder auf große Distanzen.*

Die Montage

Eine englische Pose des Typs Waggler, Stick oder Avon wird, je nach Bedingungen, durch verteilte oder aneinander liegende Bleie beschwert. Die Beschwerung muß so erfolgen, daß der Köder über dem Grund driftet (man hüte sich in Flüssen vor Hängern!).

Das Gerät

Man verwendet eine 3,60–3,90 m lange Matchrute. Die Spule der Rolle ist mit 200 m einer 0,14–0,16 mm starken Schnur aufgefüllt. Diese muß eine englische Schnur mit guten Sinkeigenschaften sein.

Die Schleie

Die träge und ängstliche ***Schleie (Tinca tinca)*** *bleibt häufig unbemerkt und gibt sich nur durch verräterische Wasserblasen zu erkennen, die von ihrer Nahrungssuche am Grund herrühren. Sie ist mit ihrem grün-bronzenen Kleid einer der schönsten Karpfenfische und zugleich einer der seltenen, der nur durch winzige Schuppen geschützt ist, die mit einen dicken Schleimschicht überzogen sind. Beim Milchner kann man zur Laichzeit ein übermäßiges Anwachsen der Bauch- und Brustflossen sowie der Rücken- und Afterflosse beobachten, das ihr eine noch anmutigere Silhouette und die typische Gestalt eines Aquariumfisches verleiht. Die Schleie kommt vor allem in stehenden, warmen Gewässern mit üppiger Vegetation vor. Die Jungfische treten mehr in Schwärmen auf, wohingegen die größten Fische eher ungesellig sind.*

Dieser scheinbar so friedliche Fisch verfügt in Wirklichkeit über sehr große Kraftreserven, die der Angler beim Drill zu schätzen weiß. Die Schleie ist vor allem im Sommer sehr beißfreudig, stellt hingegen im Winter ihre Aktivität völlig ein.

Das Wanderfischen

Diese sehr vergnügliche Technik ist nur dann praktikabel, wenn die Schleie sich durch gut sichtbare Zeichen zu erkennen gibt. Beim Durchwühlen des Grundes auf der Suche nach Nahrung verrät sie sich durch zur Oberfläche aufsteigende Wasserblasen. Sie patrouilliert zuweilen auch in oberen Wasserschichten zwischen Pflanzen, wo sie charakteristische Sauggeräusche von sich gibt.

Die Köder

Ein kleines, auf einen 14er Haken gezogenes Bündel Laubwürmer ist der am meisten von der Schleie genommene Köder. Auch ein Bündel Maden kann sehr wirksam sein.

Weizen und Buttermais sind besonders an sehr heißen Sommertagen gute Köder.

Lebkuchen ist ebenfalls ein ganz besonderer Leckerbissen für die Schleie, auf den sie aus unerklärlichem Grund ganz versessen zu sein scheint.

◄ Die Schleie schätzt besonders Laubwürmer.

Die Montagen

Für das Sichtangeln an der Oberfläche verwendet man eine Hauptschnur (0,14 mm) mit einem Haken Gr. 12. Die Montage für das Grundangeln besteht aus einer sensiblen Pose mit hoher Tragkraft, die durch verteilte, bis zum Vorfach reichende Bleigewichte beschwert ist.

Wanderfischen

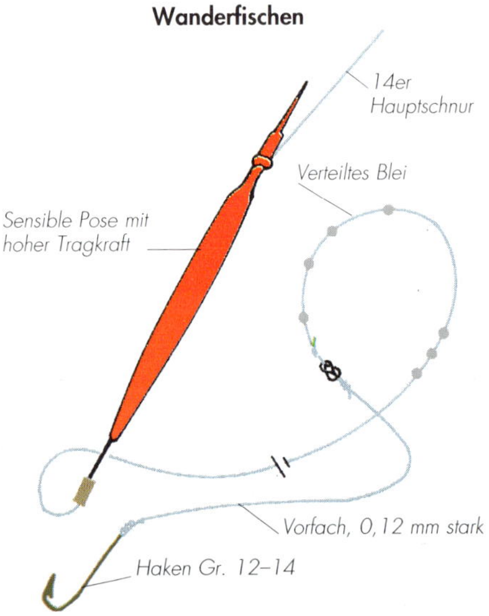

Das Gerät

Am idealsten ist eine 5 m lange, beringte Teleskoprute mit einer Rolle, deren Spule 100 m Schnur der Stärke 0,14 mm faßt. Eine kleine, ultraleichte Rolle ist völlig ausreichend.

◀ *Eine Tragetasche mit Schulterschlaufen ist sehr praktisch für alle Formen des Wanderangelns.*

Die Angelpraxis

Soweit die Schleie sich an der Oberfläche zwischen Pflanzen aufhält und die typischen Sauggeräusche von sich gibt, genügt es, sich ihr langsam zu nähern, wobei man die Wasseroberfläche ständig im Augen behalten muß. Man kann leicht die dicken, fleischigen Lippen des Fisches ausmachen, neben welche man behutsam den Köder setzt. Das nach Wasserblasen suchende Wanderangeln ist fast genauso einfach. Dabei muß der Köder schön auf dem Grund liegen. Dies erreicht man, indem die Pose flach auf der Wasseroberfläche liegt. Sollten die Bisse ausbleiben, kann man einige kleine Lockmanöver starten.

Das Matchfischen mit der Pose

Ein Vorteil des Matchfischens liegt darin, daß man auf große Distanzen arbeiten kann, wenn die Schleien sich hartnäckig weit vom Ufer entfernt aufhalten. Man kann mit dieser Technik aber auch weit vom Ufer entfernte Pflanzen erforschen, wo die Fische sich sehr gerne aufhalten. Außerdem eignet sich diese Montage sehr gut für das zuweilen zänkische Verhalten der Schleie.

Die Montage

Es ist eine klassische Montage für das Matchfischen mit Waggler. Das 30–40 cm lange Vorfach ist mit einigen kleinen, kugelförmigen Bleigewichten beschwert.

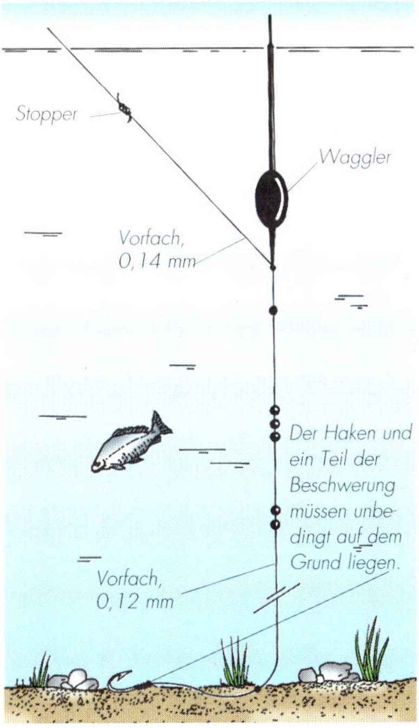

Das Gerät

Die 3,90 m lange Matchrute ist mit einer Stationärrolle ausgerüstet, deren Spule mit etwa 200 m Schnur der Stärke 0,14 mm aufgefüllt sein sollte.

▲ *Für Kinder ist die Schleie ein leichter Fang.*

Die Angelpraxis

Auch hier sollte man den Waggler so einstellen, daß der Köder und ein Teil der beschwerten Schnur unbedingt auf dem Grund liegen. Manchmal lutscht die Schleie lange am Köder, bevor sie ihn schließlich verschlingt. Die Pose wird hin- und hergeschüttelt, legt sich manchmal flach zur Seite, verharrt auf der Stelle, bevor sie von neuem zu schwanken beginnt. Man muß daher das eindeutig feststellbare Davonpreschen des Fisches abwarten, bevor man anhaut. Da die Schleie sich im Rudel fortbewegt, folgen auf den ersten Fang im allgemeinen weitere.

Das Anfüttern

Um die Schleien an die Köder zu gewöhnen, muß man sie unbedingt reichlich anfüttern. Eine altes Rezept aus früheren Zeiten bestand aus Honiglebkuchen und Wurmstücken, die mit Maulwurferde vermischt wurden, denn der Köder muß schwer genug sein, um auf dem Grund liegen zu bleiben. Außerdem gaben die Angler als zusätzliches Lockmittel Pferdeko hinzu! Heute werden im Handel diverse, ge brauchsfertige Futtermittel angeboten. Für das Matchfischen auf große Distanzen muß das Anfüttern mit der Schleuder erfolgen.

DAS GRUNDFISCHEN

Es ermöglicht auf noch größere Distanzen zu angeln, was sehr vorteilhaft ist beim Befischen großer Gewässer, oder wenn die Fische sich sehr weit vom Ufer entfernt halten.
Man kann damit außerdem sehr wenig befischte Standplätze beangeln, weil sie eben große Wurfweiten erfordern. Der einzige Nachteil liegt in der Schwierigkeit, die Bisse wahrzunehmen. Daher sollte man sehr empfindliche Bißanzeiger, wie beispielsweise den Swing- oder Quiver-tip verwenden.

Die Montagen

Als Beschwerung dient ein an einem Seitenarm mit Sollbruchstelle befestigtes Arlesey-Blei. Noch besser ist ein Futterkorb, der mit Lebkuchen gefüllt ist!

Das 50 cm lange Vorfach (0,14 mm) ist mit einem Haken Gr. 14 versehen.

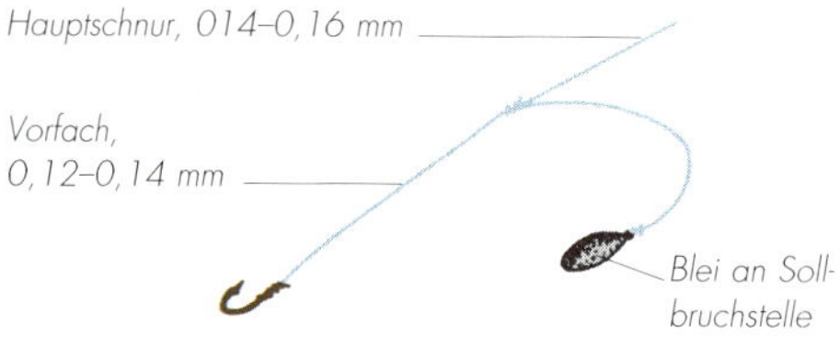

Drei Varianten der englischen Montage mit Arlesey-Blei

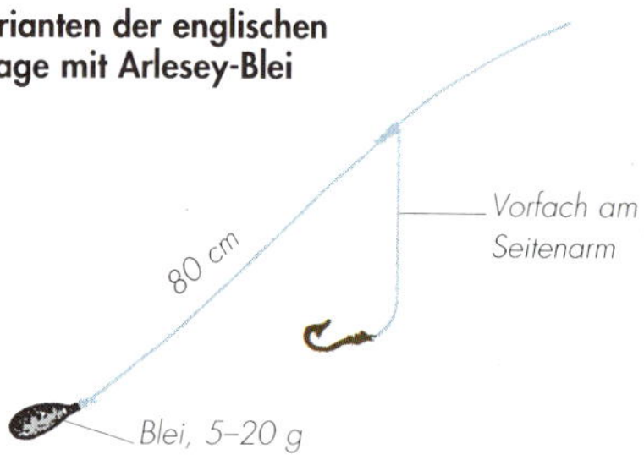

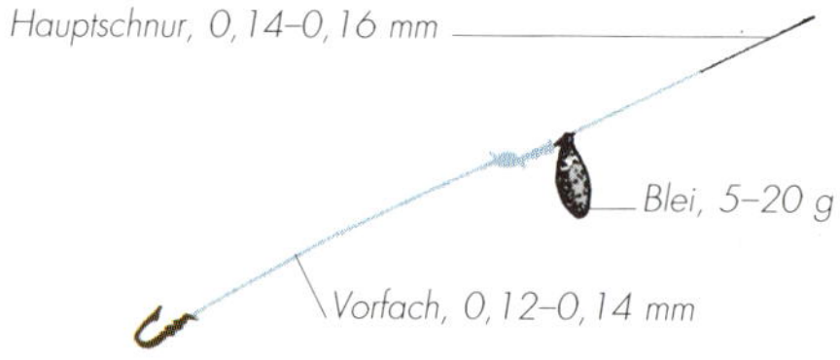

DAS GERÄT

Die Matchrute besitzt ein Gewinde in der Spitze, das zur Aufnahme entweder des Swing-tips (bei ruhigen Wetterverhältnissen oder nicht vorhandener Strömung) oder des Quiver-tips dient (bei starkem Wind oder leicht turbulenter Strömung). Die Spule der Stationärrolle ist mit 200 m Nylonschnur (0,15 mm) gefüllt, deren besondere Präparierung ihr gute Sinkeigenschaften verleiht.

Swing-tip

DIE ANGELPRAXIS

In großen, natürlichen Gewässern sollten Sie vorrangig die am wenigsten befischten Unterstände erkunden, wie die unmittelbare Umgebung von Inseln, Seerosen und andere, weit vom Ufer entfernte Pflanzen. Es wäre in der Tat schade, wenn Sie sich nicht die Leistungsfähigkeit des englischen Geräts zunutze machen. Der Biß kündigt sich durch ein leichtes Zittern der Minispitze an. Warten Sie das eindeutige Davonpreschen des Fisches ab, bevor Sie anschlagen.

Die Laube

ür den Angler ist die ***Laube* (Alburnus alburnus)** *in mehrerer Hinsicht interessant. Dieser in den meisten Flüssen sehr zahlreich vorhandene Fisch ist das ganze Jahr über auf Nahrungssuche, wobei der Höhepunkt seiner Nahrungsaktivitäten scheinbar im Winter liegt. Das ist dem Stipprutenfischer besonders genehm, da diese Jahreszeit ansonsten kaum andere Fische beschert. Da die Laube sich außerdem sowohl an der Oberfläche als auch in mittleren Wasserschichten ihre Nahrung holt, kann man sie mit vielen unterschiedlichen Techniken beangeln.*

Das Oberflächenangeln

Man kann das Oberflächenangeln das ganze Jahr über praktizieren, vorausgesetzt, die Fische bewegen sich in den oberen Wasserschichten, sobald sich einige Sonnenstrahlen blicken lassen. Die Lauben werden von Insekten und Pflanzenresten angezogen und erliegen oft unvermittelt der Versuchung anzubeißen, selbst auf Kunstfliegen. Empfehlenswert ist auch eine andere Oberflächentechnik, das Fliegenfischen mit Naturködern (siehe Kapitel »Der Hasel«).

Die Insekten

Die Laube interessiert sich für die meisten kleinen Insekten, seien es Landinsekten oder wirbellose Wassertiere wie Fliegen und Trichopteren.

Die Angler der Loire, die traditionell sehr erfolgreich Lauben für die Gastronomie fangen, verwenden im Sommer Eintagsfliegen und vor allem fliegende Ameisen, die im August und September schlüpfen.

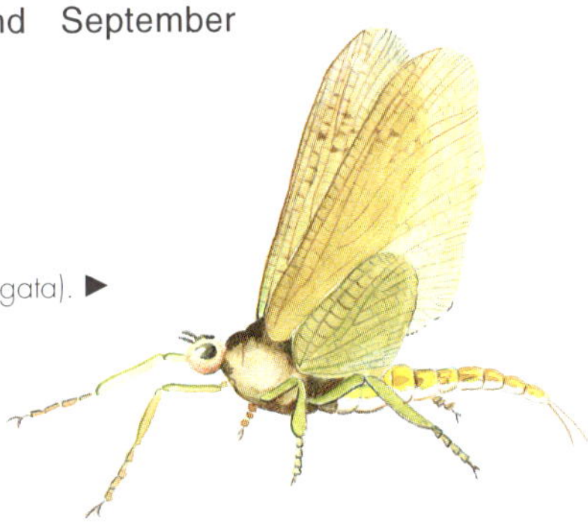

Die Maifliege (Ephemera vulgata). ▶

▲ *Eine andere große Fliege (Ephemera danica), ebenfalls als Maifliege bezeichnet.*

Die Fliegen

Nicht nur das Fliegenfischen an sich, sondern auch der Fang von Stubenfliegen ist beinahe eine Kunst. Wer stundenlang seine Zeit damit verbringt, an Fensterscheiben die kleinen, beflügelten Insekten zu überlisten, tut dies in der festen Überzeugung, daß später jede einzelne der Garant für einen Weißfisch sein kann.

Eine praktischere Methode besteht indes darin, daß man eine Dose mit Maden an eine Wärmequelle (am besten einen Heizkörper für einen konstante Temperatur oder im Sommer in die Sonne) stellt, und die Maden werden sich alsbald in die gewünschten Insekten verwandeln.

Schmeißfliege. ▶

Das Angeln mit langer Stipprute

Diese Technik wird vor allem von alten französischen Anglern in der Auvergne auf de Hochebenen praktiziert. Mit ihr ist es möglich, sehr wirksam auf die blitzschnellen Bisse de Laube zu reagieren.

Die Köder

Am einfachsten kann man sich die Fleischfliege besorgen. Der wirksamste Köder, den man allerdings selbst in der Natur suchen muß, ist die dicke, geflügelte Ameise.

Die Montage

Sie ist sehr einfach und besteht aus 2 m einer 0,10 mm starken Hauptschnur, die je nach Ködergröße mit einem dünnen Eisenhaken Gr. 16–20 versehen ist.

Die Angelpraxis

Zunächst müssen Sie die Lauben orten, die sich durch ihr intensives Schnappen nach Insekten an der Oberfläche bemerkbar machen. Setzen Sie dann das Insekt auf das Wasser. Manchmal hat man das Glück, statt der Laube eine Forelle oder einen Döbel anzuhauen.

Das Angeln mit langer Stipprute. ▶

Das Gerät

Das Gerät besteht aus einer 9 m langen Teleskopstipprute. Man sollte leichtes Gerät bevorzugen, denn das Abschreiten des Ufers und die stundenlange Führung einer Rute verlangen eine gute körperliche Kondition!

▲ *Eine lange Stippute.*

Das Fliegenfischen

Diese Technik kann sowohl im Winter, vorausgesetzt die Sonne scheint, als auch während des ganzen Sommers angewandt werden. In manchen Flüssen sind die Lauben derart zahlreich, daß ihr Befischen für den Anfänger im Fliegenangeln eine gute Übung darstellt.

Der Flymatic, eine alte automatische Rolle zum Fliegenfischen. ▶

Das Gerät

Man kann leichtes, klassisches für das Forellenangeln benutztes Gerät nehmen: eine 2,4–2,6 m lange Rute, deren Tragkraft für eine Schnur der Kategorie Nr. 3 ausgelegt ist. Das Vorfach darf nicht dicker als 0,10 mm sein und sollte eine Länge von 3,5–4 m aufweisen. Ein Tip für eingefleischte Fliegenangler: Wer seine Angelkünste mit einer 1,8 m langen Rute – deren Gebrauch am Anfang nicht gerade leicht ist – an Waldbächen vervollkommnen will, kann zuvor mit diesem für die Laube bestimmten Gerät üben, um sich daran zu gewöhnen, bevor er woanders unter schwierigeren Bedingungen fischt.

Die Fliegenmuster

Die Fliegen müssen angesichts des nicht sehr großen Mauls der Laube sehr klein sein und werden auf Haken Gr. 18–22 gezogen. Die Grundausrüstung sollte aus kleinen, schwarzen oder dreifarbigen Palmer Fliegen bestehen, die Fleisch- oder Stubenfliegen, Ameisen und Mücken nachahmen. Man kann zusätzlich Eintagsfliegen und kleine Köcherfliegen in denselben Größen verwenden. Für manche Situationen, wenn die Fische unter dem Oberflächenfilm schnappen, können ein Aufsteigermuster oder eine Zuckmücke unentbehrlich sein.

Winzige Entenbürzel für die Laube, kombiniert mit Köcherfliegen (Sedges) und Spinnen

DIE ANGELPRAXIS

Die erste Schwierigkeit besteht darin, die winzige Kunstfliege während ihrer Abdrift im Auge zu behalten. Dies ist unbedingt notwendig, denn die Laube spuckt die Fliege derart schnell aus, daß der Anhieb im selben Moment, in dem sie nach der Fliege schnappt, erfolgen muß. Sie sollten die Fliege in eine Strömung setzen, die sie auf natürlichem Wege unmittelbar vor die Nase der nach Insekten schnappenden Lauben treibt. Wenn Sie noch nicht mit dieser subtilen Technik vertraut sind, ist es ratsam, zunächst nur auf kurze Entfernungen zu werfen (nicht weiter als 10 m), damit Sie besser die Abdrift der Kunstfliege verfolgen und schneller auf einen Biß reagieren können.

DAS STIPPANGELN

Wenngleich die Laube bei dieser Technik das ganze Jahr über beißt, kann man vor allem im Winter die meisten Fänge erzielen. In dieser Jahreszeit sammeln sich nämlich die ausgehungerten Fische in großen Schwärmen, die sich auf absolut jede, in ihrer Reichweite befindliche Beute stürzen.

▲ *Laubenfischen ist ideal für Kinder.*

DAS GERÄT

Man verwendet eine sehr kurze Rute, die, mit einem Korkgriff ausgestattet, ein wenig der Stipprute ähnelt. Sie darf nicht länger als 2 m sein, was überraschend sein mag, wenn man von der gewöhnlichen Größe der Stipprute ausgeht. Diese Rute wurde nämlich für das Wettkampffischen auf Zeit konzipiert, bei dem die Angler innerhalb einer festgelegten Zeitspanne eine Höchstzahl an Fischen fangen müssen. Patrick Burckenstock konnte mit einem solchen Rutentyp einen neuen Rekord aufstellen: 590 Lauben in einer Stunde! Mit einer sehr kurzen Rute kann man in der Tat schneller auf einen Biß reagieren und gewinnt vor allem Zeit beim Loshaken.

Die Montagen

Die Montagen für das Angeln auf Lauben bestehen aus einer birnenförmigen Pose, die mit einem massiven Blei (wenn nötig einem Olivenblei) beschwert ist, das den Köder schnell in die gewünschte Tiefe befördert.

Man angelt in nicht sehr tiefen Zonen, die nicl tiefer als 0,5 m sind. Die Hauptschnur besit: einen Durchmesser von 0,08 mm; an ihr wi direkt, ohne überleitendes Vorfach, ein Hake Gr. 18–22 befestigt.

Montage mit zwei Haken

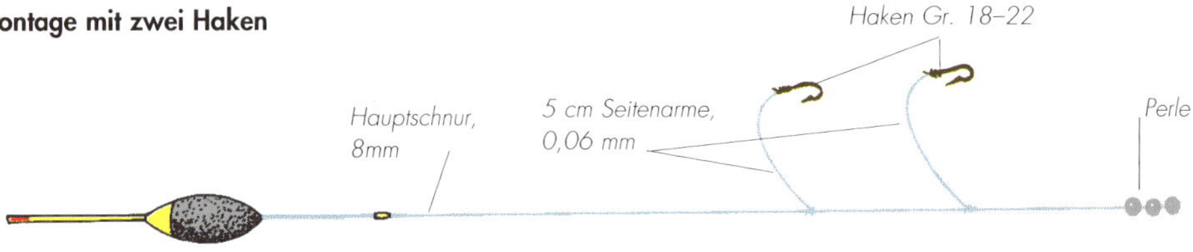

Klassische Montage

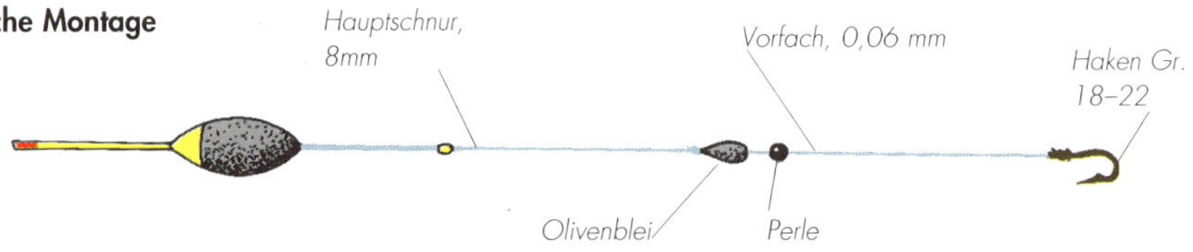

Die Köder

Früher benutzten die Angler im Winter Speckwürfel. Jedoch scheint die Laube wie die meisten Weißfische auf Larven der Zuckmücke oder auf rosa Maden versessen zu sein.

Das Anfüttern der Fische. ▶

Das Anfüttern

Es ist unerläßlich, um die Fische anzulocken und sie an der Angelstelle zu halten. Das Anfüttern der Laube ist sehr speziell: Das Futter muß ausreichend angefeuchtet werden, um als Knödel schon beim Auftreffen auf die Wasseroberfläche in viele kleine Partikel zu zerfallen, die in der oberen Wasserschicht eine Wolke erzeugen.

▲ *Futter von Sensas eignet sich gut für Lauber*

Der Döbel

Den gefräßigsten der Karpfenfische erkennt man an der massigen Silhouette und dem dicken, mit großen silbrigen Schuppen übersäten Körper. Das große Maul des ***Döbels* (Leuciscus cephalus)** *besitzt dicke Lippen, alles Merkmale eines Raubfisches. Seine Bauch- und Brustflossen sowie die Afterflosse sind kräftig rot gefärbt. Dieser Vielfraß nimmt sehr unterschiedliche Nahrung zu sich, von Würmern über Wirbellose, Früchte und Pflanzenresten bis zu kleinen Fischen. Der Döbel kann in den meisten Milieus gedeihen und stellt keine große Anforderungen an die Wasserqualität. So kommt es vor, daß er vor Abwasserrohren seine Runden zieht, auf der Suche nach im Wasser treibenden Abfällen. Ihn zu beangeln ist recht kurzweilig, wobei er sowohl mit der Methode des Stipp- als auch des Match- und sogar des ultraleichten Fliegenfischens gefangen werden kann.*

Das Fliegenfischen

Der Döbel wird von den Puristen des Fliegenfischens oft verachtet, weil sie ihn für einen armseligen Fisch mit übermäßig viel Gräten halten. Dennoch ist er ein in mehrerer Hinsicht interessanter Fisch: Er ist listig, argwöhnisch und sicherlich schwieriger als eine Forelle anzuködern. Daher ist sein Befischen für den Anfänger in der Kunst des Fliegenfischens eine sehr gute und spannende Übung.

Die Fliegenmuster

Da der Döbel sich für Landinsekten interessiert, empfiehlt man traditionell Palmer Fliegen, wie die Red Tag oder French Tricolore. Diese Fliegen sind den ganzen Sommer über sehr wirksam. Der Döbel kann sich jedoch bei der Nahrungssuche auch sehr wählerisch zeigen. Daher sollten in der Kollektion auch kleine Entenbürzel, Ameisen, Mücken, Trichopteren und selbst Aufsteiger-Muster nicht fehlen. An sehr heißen Sommertagen sind sehr wirklichkeitsgetreue Nachahmungen von Schnaken oder Heuschrecken unverzichtbar.

▲ *Eine große Köcherfliege (Sedge).*

Ein Palmer-Muster, das eine Hausmücke nachahmen soll, für das Angeln auf Döbel. ▶

Schließlich kommt es auch vor, daß der Döbel in mittleren Wasserschichten oder am Grund auf Nahrungssuche geht. In diesem Fall nimmt man am besten eine Nymphe (z. B. des Typs Palaretta) oder eine Naßfliege, die mit Tinsel verziert sind. Die großen, nach Fischen jagenden Döbel können mit einem glänzenden Streamer angelockt werden.

◀ *Ein kleines Aufsteiger-Muster speziell für Weißfische.*

Das Gerät

Eine 2,6 m lange Rute, passend zu einer Hauptschnur der Stärke 0,30 mm. Da der Döbel ein sehr argwöhnischer Fisch ist, muß das Vorfach mindestens 4 m lang sein. Der Durchmesser der Vorfachspitze sollte 0,10 mm betragen (für große Fische 0,12 mm).

DIE ANGELPRAXIS

Die subtile Technik erfordert ein sehr diskretes Annähern an die Fische, die die kleinste ungewöhnliche Bewegung, den Schlagschatten oder die Vibrationen der Bewegungen des Anglers sofort bemerken. Das richtige Anbieten ist von größter Wichtigkeit: Sie müssen den Köder also tadellos ins Wasser setzen und ihn möglichst natürlich abdriften lassen. Die Döbel bewegen sich häufig in unterschiedlich großen Schwärmen fort. Kurze Züge an der Schnur stimulieren den Konkurrenzinstinkt unter den Fischen. Kleine Zitterbewegungen auf der Stelle können widerspenstige Döbel dazu bringen, plötzlich nach der Fliege zu schnappen. Sie können die Fische auf Sicht beangeln oder »blind«, indem Sie die a priori günstigsten Unterstände erkunden. An sehr heißen Sommertagen halten sich die Döbel gerne unter schattenspendendem Blattwerk und manchmal in unterhöhlten Uferböschungen auf. In diesem Fall lassen Sie die Fliege in kurzen Abständen vor dem Ufer treiben. Der Biß erfolgt häufig unmittelbar, nachdem die Fliege auf das Wasser gesetzt wurde, da der Döbel sie für ein von einem Baum gefallenes Insekt hält.

Fliegenfischen in einem Döbel und Regenbogenforellen führenden Bach. ▶

DAS ULTRALEICHTE SPINNANGELN

Bei nicht vorhandenen Salmoniden stellt diese nicht minder wirksame Technik – besonders an durch Waldgebiete fließenden Bächen – eine angenehme Abwechslung dar, um Döbel in allen Größen anzulocken.

DAS GERÄT

Das Gerät besteht aus einer ultraleichten, 2,10 m langen Spinnrute, die mit einer kleinen Stationärrolle ausgerüstet ist, und deren Spule mit 100 m einer 0,12 mm starken Schnur aufgefüllt ist.

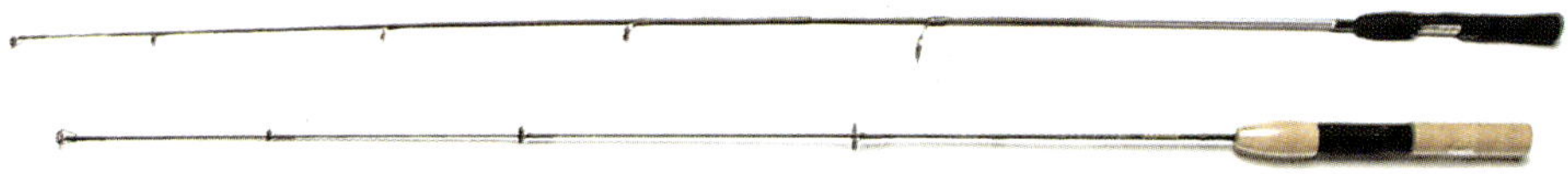

▲ *Mit ultraleichten Spinnruten kann man kleine Wasserkugeln werfen.*

Die Spinner

Die meisten kleinen, rotierenden Spinner Gr. 0–1 sind für diese Technik geeignet. In Anbetracht des launischen Verhaltens dieses Fisches, sollte man nicht zögern, verschiedenfarbige Köder zu verwenden, indem man an bestimmten Tagen auf Schwarz oder eine fluoreszierende Farbe setzt. Winzige Mepps der Kategorie 00, deren Drillingshaken ein Palmer-Muster ziert, haben sich im Sommer hervorragend bewährt. Man kann aber auch ein rotierendes Spinnerblatt mit einem Köder in Fragezeichenform kombinieren.

Die Angelpraxis

Es bietet sich hier das Sichtangeln an. Diese Technik kann begeistern, vor allem wenn man es mit sehr großen Döbeln zu tun hat, die sich unter im Wasser stehenden Bäumen verstecken. In diesem Falle muß der Köder in die Nähe der Schwanzflosse des auf der Lauer liegenden Raubfisches geworfen werden, wobei Sie darauf bedacht sein sollten, die eigene Gestalt vor den Augen des Fisches zu verbergen und brüske Bewegungen zu vermeiden. In neun von zehn Fällen wird der Döbel sich abrupt umdrehen und den Köder verschlingen. Wenn keine Fische sichtbar sind, sollten Sie methodisch die tiefen Gräben, Stromenden, langsam fließende Poole und schattigen Uferabschnitte erkunden.

Das Tippfischen

Das Tippfischen ist eine ideale Technik, um den Döbel während des ganzen Sommers zu beangeln, einer Jahreszeit, in der dieser ganz besonders auf Landinsekten aus ist.

Die Grille

Sie ist besonders im Juni, vor dem Auftreten der Heuschrecken, wirksam. Man findet sie in den Wiesen, wo ihr Zirpen unüberhörbar ist. Es gibt mehrere Fangtechniken. Man kann sie aus ihrem Erdloch mit einem Grashalm herauslocken, was zwar etwas mühselig, aber dennoch recht erfolgreich ist. Man kann auch Wasser aus einer Feldflasche in ihren Bau schütten, damit sie herauskommt. Eine andere Methode bedient sich leerer Patronenhülsen, die vor die Erdöffnungen gelegt werden... und schon nach wenigen Minuten von den Grillen vereinnahmt sind! Die Grille wird mit den oberen Halssegmenten behutsam auf den Haken gezogen und kann auf diese Weise als lebender Köder benutzt werden. Sie kann auch mit einem Blei beschwert werden, um tiefe Gräben zu erkunden, wo sie zuweilen eine Barbe anlockt!

▲ *Die Grille ist am Ende des Frühlings ein ausgezeichneter Köder für Döbel.*

Die Heuschrecke

Nach der Zeit der Grillen kommt im Juli und August die der Heuschrecken. Nur die grüne Heuschrecke läßt regelmäßig einen Fisch anbeißen. Man muß sie frühmorgens fangen, wenn der Morgentau noch über den Wiesen liegt und die Insekten träge sind. Die Heuschrecke wird auf einen Haken Gr. 8–10 gezogen.

Die an den ersten heißen Sommertagen sehr zahlreich in den Wiesen anzutreffende Heuschrecke lockt sowohl Döbel als auch Forellen an. ▶

Die fliegende Ameise

Die fliegende Ameise ist zu Ende des Sommers ein hervorragender Köder. Man nimmt dort wo es erlaubt ist (nicht in Deutschland!) am besten die großen, roten Arten, die auf einen Haken Gr. 14–16 gezogen werden.

Die fliegenden Ameisen schlüpfen in großer Zahl zu Beginn des Monats August. ▶

Die Schnake

Die Schnake wird sehr oft vom Döbel genommen; man fängt sie am Ufer mit der Hand oder besser einem kleinen Schmetterlingsnetz. Sie wird auf einen Haken Gr. 16 gezogen.

Die Schnake ähnelt einer großer Mücke. Ihre Larve lebt im Wasser. ▶

Der kleine Maikäfer

Diese winzige Maikäferart schlüpft im Juni. Sie hat eine Vorliebe für Weidenäste und am Uferrand wachsende Bäume – ein unersetzlicher Köder.

Den kleinen Maikäfer findet man von Juni bis Juli. ▶

Die Stubenfliege und die Schmeißfliege

In der Sommermitte vermögen zwei, auf einen Haken Gr. 12 gezogene Mücken die Freßlust auch der argwöhnischsten Döbel zu wecken. Alte Füchse der Angelkunst schwören auf Goldfliegen, die sie mit einer geschickten Handbewegung über Kuhfladen einfangen.

Zahlreiche Fliegenarten werden vom Döbel genommen, wie die Schmeißfliege, die Goldfliege auf Kuhmist und die Stubenfliege. ▶

Die Larve der Maifliege (*Ephemera danica et vulgata*)

Sobald die Maifliege in großer Zahl schlüpft, hat der Döbel nur noch Augen für dieses Insekt, das für die meisten Fische ein Leckerbissen ist.

Die Maifliege schlüpft im Mai und Juni in großer Zahl, vor allem in den Abendstunden. ▶

Die Montagen

Sie sind sehr schlicht: Der zur Ködergröße passende Haken ist direkt an der Hauptschnur befestigt. Man fügt ein kleines Bleigewicht hinzu, wenn die Fische sich in der Tiefe aufhalten, allerdings handelt es sich dann nicht mehr um das klassische Tippfischen!

Das Gerät

Für diese Technik geeignet ist eine Rute für das klassische Tastfischen, wie sie beim Forellenfischen zum Einsatz kommt. Erfahrene Angler schwören hingegen auf eine 9 m lange Stipprute.

Die Angelpraxis

Da der Döbel sehr mißtrauisch ist, dürfen Sie das Insekt niemals direkt vor die Fischschnauze werfen, da Sie ihn ansonsten verscheuchen. Nach einhelliger Meinung der Experten muß der Köder neben den Flanken oder in der Nähe des Schwanzes angeboten werden. Der durch das Auftreffen des Köders auf dem Wasser erzeugte kleine Plumps überrascht den Fisch, der sich darauf abrupt umdreht und den Köder ohne weiteres nimmt. Der Erfolg ist natürlich von einem möglichst unauffälligen Annähern abhängig. Eine gute Polarisationsbrille ist unentbehrlich, um die unter der Wasseroberfläche auf Insekten lauernden Döbel besser orten zu können.

Das Wanderfischen mit der Stipprute

Der Döbel, ein listiger Raubfisch und Allesfresser, weiß die Kostbarkeiten der Natur zu schätzen. Je nach Jahreszeit spricht er auf zahlreiche Köder an. Da diese, vor allem die Früchte, oft sehr empfindlich sind, muß man beim Biß sofort anhauen.

Blut- und Eingeweideköder

Fleischköder sind im Winter, vor allem bei großer Kälte, unverzichtbar. Ein Stück Hühnerdarm wird an einem Haken Gr. 8 befestigt. Um frisches Blut als Köder am Haken benutzen zu können, tränkt man Verbandwatte damit, die anschließend ein paar Stunden zwischen zwei Bretter gelegt wird. Die Blutklumpen werden dann mit der Schere in Würfel geschnitten. Man kann auch einen Schwamm mit Blut tränken, wobei dieser Vorgang vor jedem neuen Wurf wiederholt werden muß. Leber besitzt die gleiche Lockwirkung. Beide Köderformen werden an einem kleinen Haken Gr. 12 befestigt.

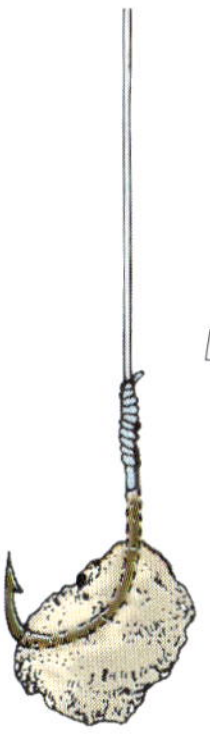

◄ *Frisches Blut kann als Köder verwendet werden, indem man ein Stück Schwamm damit tränkt, der an einem Einfachhaken Gr. 6 oder einem Drillingshaken befestigt wird.* ►

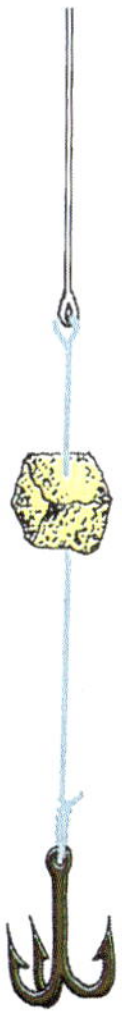

Die Kirsche

Im Frühling und zu Beginn des Sommers scheint die Kirsche von jungen Döbeln weniger geschätzt zu werden, wohingegen sehr große Artgenossen darauf ganz versessen sind, weil sie diese Frucht schon kennen. Die Ufer des zu beangelnden Flusses sollten von einigen Kirschbäumen gesäumt sein. Man kann die Fische an diesen Leckerbissen gewöhnen, indem sie regelmäßig damit angefüttert werden.

Die Kirsche ist ein von Döbeln im Juni sehr geschätzter Köder, vor allem entlang von Ufern mit Kirschbäumen. ►

Das Gerät

Ideal ist eine beringte, 5–6 m lange Rute mit Stationärrolle, deren Spule mit 100 m einer 0,16–0,18 mm starken Schnur aufgefüllt ist. Für schwierige Fische eignet sich die Bolognaise-Rute ausgezeichnet, mit der man die Montage weit abtreiben lassen kann.

Die Johannis-, Erd- und Himbeere

Diese Früchte weiß der Feinschmecker Döbel sehr zu schätzen, und er läßt sie sich auf keinen Fall entgehen. Man kann sie auf einen Einfachhaken Gr. 10 oder zwei Drillingshaken Gr. 14–16 ziehen.

Am Ufer wachsende Sträucher mit roten, süßen Früchten – wie hier Reben von Johannisbeeren – werden vom Döbel sehr geschätzt. ▶

Die Weintraube

Im Herbst kann man Weintrauben an einem Drillingshaken Gr. 10 befestigen, entweder mit oder ohne Haut. Im letzteren Fall kann das Aroma der Frucht entströmen und entfaltet eine zusätzliche Lockwirkung.

Wie die Kirsche sollte man auch diese Frucht im voraus anfüttern und dies im Laufe der Angelpartie regelmäßig wiederholen.

Die Weintraube ist für den Döbel ein herbstlicher Leckerbissen. ▶

Die Brombeere

Da die langen Ranken der oft am Uferrand wachsenden Brombeersträucher bis über die Wasseroberfläche reichen, fallen ihre reifen Früchte gewöhnlich ins Wasser und werden so von dem Liebhaber süßer Früchte gefressen. Die Brombeere als Köder wird an einem Drillingshaken Gr. 12–14 befestigt. Am besten erkundet man bevorzugt alle von Brombeersträuchern gesäumte Sektoren, denn ihre ins Wasser hängende Ranken sind ein sicherer Garant für prächtige, silbrige Döbel.

Mit Brombeeren prall gefüllte Sträucher wecken die Freßlust des Döbels. ▶

Die Montage

Die Montage besteht aus einer sensiblen Pose mit hoher Tragkraft, die für ruhige Gewässer mit verteilt angebrachten Bleigewichten beschwert ist. Für lebhafte Strömungen verwendet man ein Olivenblei. Das 30 cm lange Vorfach der Stärke 0,14–0,16 mm ist je nach Ködertyp mit einem Einfachhaken Gr. 6–10 oder einem Drillingshaken Gr. 10–14 bestückt.

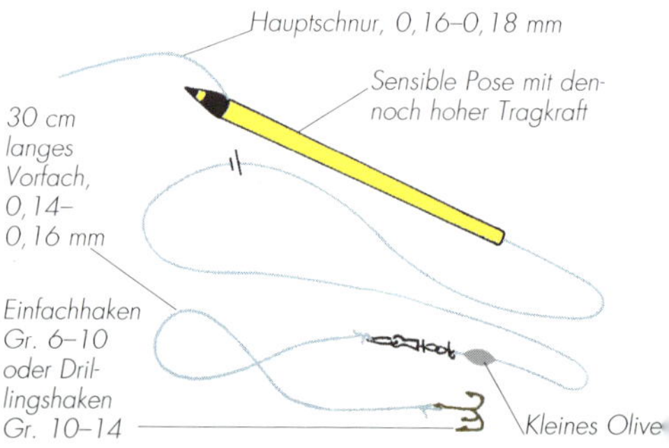

DAS WANDERFISCHEN MIT GRUNDBLEI

Diese Technik ist sehr wirksam, um sehr große Döbel bei Hochwasser in der Tiefe zu fangen, wo sie sich bevorzugt während der Dämmerung aufhalten. Man kann mit dem Grundblei die Köder unbeweglich in tiefen Gräben, Strudeln und Pools plazieren.

Die Nacktschnecke

Einer der besten Köder auf Döbel, aber auch Aale und Barben, ist die große, rote Nacktschnecke. Sie wird vor allem bei hoher Wasserführung auf einen Haken Gr. 4 gezogen.

Die Nacktschnecke ist besonders bei Hochwasser ein wirksamer Köder. ▶

Die Montage

Hier eignet sich eine klassische Montage mit einer 0,18 mm starken Hauptschnur, auf der ein 10–15 g schweres Olivenblei gleitet, das wiederum von einem Puffer, einer Perle oder Silikonhülse arretiert wird, um den Knoten eines dahinter befindlichen Karabinerwirbels zu schützen. An einem 50 cm langen Vorfach der Stärke 0,16 mm ist ein Einfachhaken Gr. 4 befestigt. Die Montage mag schwer erscheinen und die Hauptschnur einen sehr großen Durchmesser haben, aber man kann damit vor allem bei Hochwasser einen großen Döbel, aber auch eine kräftige Barbe, einen Aal und sogar einen Karpfen fangen.

DIE ANGELPRAXIS

Das Wanderfischen ist eine amüsante Technik für den Fang von Döbel, Hasel, Laube und Bachforelle. ▶

Die Vorgehensweise ähnelt allen anderen, mit einem Grundblei arbeitenden Techniken, wobei es sich hier keineswegs um eine statische Technik handelt. Beim Ausbleiben eines Bisses (nach einer halben bis einer Stunde) muß man im Gegenteil den Bereich wechseln und das Gewässer abwandern.

Der Gründling

***Der Gründling* (Gobio gobio)** *ähnelt einer winzigen Barbe. Er ist kaum länger als 10–15 cm. Sein länglicher, zylindrischer Körper mit der bauchigen Vorderpartie prädestiniert ihn geradezu für lebhafte Gewässer. Er eignet sich in der Küche zum Braten und für den Angler als exzellenter Köder auf Raubfische. Die Oberlippe zieren zwei gut sichtbare Bartfäden. Der grün-bronzene Rücken hebt sich von den gräulichen Flanken und dem hellen, cremeweißen Bauch ab. Der Gründling lebt in kleinen Rudeln an sandigen Gründen von Flüssen und manchen Teichen. Als Fleischfresser durchwühlt er ständig das leichte Bodensubstrat auf der Suche nach Kleingetier, wie Würmer, Weich- und kleine Schalentiere sowie Insektenlarven.*

Der Fang mit Sedimentwolken

Bei dieser alten Technik löst der Angler mit den Stiefeln die Erde vom Grund, so daß die aufgewühlten Sedimentwolken unweigerlich Schwärme von Gründlingen, die auf der Nahrungssuche sind, anlocken. Eine einfache, 2,50–3 m lange Teleskoprute ist völlig ausreichend.

Die Montage

Die Montage besteht aus einer gedrungenen Pose mit hoher Tragkraft, die mit verteilt angebrachten Bleigewichten beschwert ist. Am Vorfach ist ein Haken Gr. 16–18 befestigt.

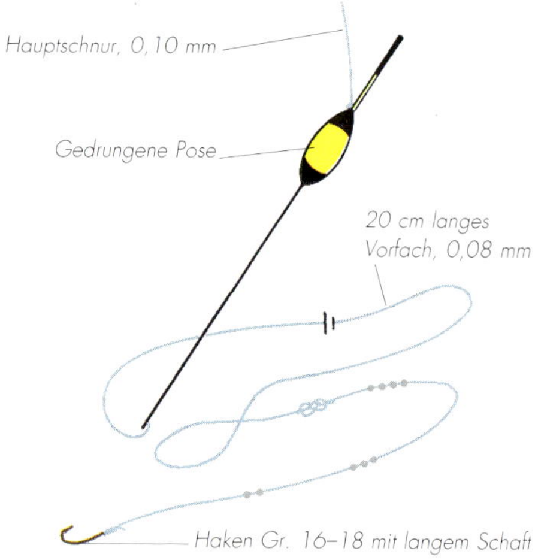

Die Köder

Alle tierischen Köder sind geeignet: Larven von Zuckmücken, anderen Trichopteren und Maden. Sie sollten an einem Haken mit langem Schaft befestigt werden.

Die Angelpraxis

Lassen Sie die Schnur in dem angetrübten Wasser treiben, wobei die Pose so eingestellt ist, daß der Köder unmittelbar über dem Grund gleitet. Der Biß wird zuweilen mit einem Festhaken der Montage zwischen Kieselsteinen verwechselt. Schlagen Sie wegen des sehr dünnen Vorfachs behutsam an. An allen kleinen Strömungen können sich Schwärme von Elritzen aufhalten. Bei sehr klarem Wasser kann man auch auf Sicht angeln, eine amüsante Technik, bei der die jüngsten Angler sehr schnell ihre Fähigkeiten verbessern können.

Anlocken mit Sedimentwolken

Die Elritze

Obgleich wahrscheinlich der kleinste Karpfenfisch ist sie einer der gefräßigsten. In der Tat läßt sich ***die Elritze (Phoxinus phoxinus)*** *keine Beute entgehen, seien es winzige Würmer, kleine Schalentiere, Insektenlarven oder Fischeier. Sie patrouilliert in unterschiedlich großen Schwärmen in allen Bächen und sauerstoffreichen Flüssen und bevölkert die gleichen Biotope wie die Forelle. Wegen ihres unersättlichen Appetits und der kleinen Größe ist sie eine ideale Beute für die jüngsten unter den Anglern. Die Elritze ist im Schnitt 5–10 cm lang. Winzige, mit einer Schleimschicht überzogene Schuppen bedecken ihren klebrigen Körper. Ihr grünlich schimmerndes Kleid besitzt ein dunkles Band entlang der Flanken. Die Färbung wird zur Fortpflanzungszeit intensiver, der Milchner besitzt dann eine leuchtend rote Bauchwand. Dieser Fisch gehört für zahlreiche Raubfische, darunter natürlich die Forelle, zur Grundnahrung!*
Die Elritze gehört in Deutschland zu den bedrohten Fischarten, deshalb ist ihr Fang und die Verwendung als Köder untersagt!

Die Posenangel

Die Elritze ist ein Fisch, den alle Kinder fangen wollen. Es wimmelt von ihr in den meisten Flüssen und Bächen mit klarem Wasser. Als Vielfraß beißt sie auch gut an. Sie verliert vor jedem geschickt angebotenen Wurm ihr Mißtrauen und verschlingt ihn auf der Stelle! Darüber hinaus eignet die Elritze sich gut zum Braten und ist ein ausgezeichneter lebender Köderfisch (soweit erlaubt) für die meisten Raubfische, vor allem die Forelle.

Montage der Posenangel

Die Montage

Die Hauptschnur besitzt einen Durchmesser von 0,10 mm. Hinzukommt eine kleine gedrungene oder spindelförmige Pose, je nachdem, ob man einen ruhigen oder bewegteren Sektor befischt. Je nach Ködergröße verwendet man einen Haken Gr. 18–22.

Die Köder

Die Elritze schätzt vor allem winzige Laubwürmer und Larven der Zuckmücke. Die Pose muß so eingestellt werden, daß der Köder unmittelbar über dem Grund gleitet, wo die Elritzen wühlen. Der im allgemeinen freiheraus erfolgende Biß wird durch das Eintauchen der Pose signalisiert, worauf man sehr behutsam anhauen muß.

Die Angelpraxis

Das vorherige Anfüttern kann von Vorteil sein, um einen Schwarm Elritzen an der Fangstelle zu halten; allerdings sollte man dies sehr spärlich tun, um den Vielfraß nicht zu überfüttern. Sie können den Köder vor Ort anfertigen, indem Sie kleine Laubwürmer mit Maulwurferde vermischen. Die Futterkugeln dürfen nicht größer als eine Walnuß sein.

Der Hasel

Wie die Laube sucht ***der Hasel* (Leuciscus leuciscus)** *seine Nahrung gerne an der Wasseroberfläche oder in mittleren Tiefen. Er ist größer als die Elritze und stellt besonders für den Fliegenfischer eine interessante Beute dar, da er in der warmen Jahreszeit seine Reflexe an dem nach Nahrung schnappenden Fisch sehr gut üben kann.*

Der hinsichtlich der Wasserqualität recht anspruchsvolle Hasel kommt leider in vielen Flüssen nicht mehr vor. Dieser Fisch ist ideal für Anfänger im Fliegenfischen. Vor allem an Augustabenden kann man Hasel sehr zahlreich fangen, hinzu können sich auch Lauben, Döbel – und wenn man Glück hat – sogar eine Äsche oder Forelle gesellen!

DAS FLIEGENFISCHEN

Hat man das Glück, auf einen Fluß mit viel Hasel zu stoßen, ist diese Technik sicherlich die abwechslungsreichste. Der Hasel hält sich bevorzugt in weniger tiefen (kaum tiefer als 2 m) und nicht zu schnell fließenden Strömungsabschnitten auf, deren Profil in etwa den von den Äschen besiedelten Sektoren ähneln. Daher werden auch manchmal letztere anstelle der anvisierten Hasel gefangen. Den sich in Schwärmen fortbewegenden Hasel kann man anhand seiner charakteristischen, gut sichtbaren, nach Beute schnappenden Mauls orten. Die günstigste Zeit für den Fang mit der Fliege ist sicherlich die Abenddämmerung, wenn die dann schlüpfenden Insekten die Fische an die Oberfläche locken.

Die Fliegenmuster

Je nach Jahreszeit und Fluß, aber auch Befischungsgrad sind die Hasel mehr oder weniger wählerisch. Manchmal gilt ihre Aumerksamkeit einem bestimmten Insekt. Dies ist der Fall beim massenhaften Schlüpfen der Köcher- und Eintagsfliegen. Diese Regel unterliegt natürlich zahlreichen Ausnahmen. Manche Angler machen sich hinsichtlich der Fliegenwahl nicht allzu viel Gedanken, es gibt sogar einige, die nur ein einziges Muster verwenden, wie beispielsweise eine dreifarbige Palmer-Fliege. Mit dieser universell einsetzbaren Fliege kann man beim Schlüpfen fliegender Ameisen zahlreiche Fische fangen, obgleich sie nur geringe Ähnlichkeit zu den genannten Insekten aufweist. Ein Grund, an dieser Stelle Henri Bresson, dem genialen Erfinder dieser Kunstfliege, Anerkennung zu zollen! Nach Ansicht mancher Experten braucht man sich für den Haselfang daher nicht auf bestimmte Fliegenmuster festzulegen; alle für die Forelle verwandten Muster eignen

Kleine Sedge und Haken Gr. 14–18. ▼

▲ *Spinne auf einem Haken Gr. 16.*

◀ *Eine Sonderform der Spinne.*

Spinne. ▶

Flugameise auf einem Haken Gr. 18. ▶

sich auch für diesen Fisch. Einzige Bedingung ist die Verwendung eines Hakens Gr. 14–16. Es sei allerdings darauf hingewiesen, daß unter bestimmten Umständen der Hasel, wie auch die Forelle, ausschließlich nicht geschlechtsreife Eintagsfliegen nimmt, die an der Oberfläche treiben, manchmal auch winzige, sich gerade umwandelnde Zuckmücken. Man muß eine gewisse Beobachtungsgabe entwickeln und so Schlüsse für die Wahl des Musters ziehen.

Das Angeln auf Hasel, einen in bewegten Gewässern vorkommenden Weißfisch, ist eine angenehme Abwechslung, wenn die Forellen sich widerspenstig zeigen. ▶

DAS GERÄT

Das Gerät umfaßt eine klassische 2,6 m lange Fliegenrute für Forellen, die mit einer schwimmenden Schnur versehen ist. Das Vorfach muß mindestens 5 m lang sein. Der Durchmesser der Spitze darf 0,12 mm nicht überschreiten.

DIE ANGELPRAXIS

Sie sollten bedenken, daß der Hasel manchmal in großen Rudeln auftritt, die beinahe synchron nach Insekten schnappen, zumindest halten sie sich zu einem bestimmten Moment alle unmittelbar unter der Wasseroberfläche auf. Daher kann das Gezappel des ersten Fanges den gesamten Schwarm derart verschrecken, daß die Fische das Steigen abrupt einstellen. Es ist daher wichtig, den Drill abzukürzen, den Fang schnell einzuholen und die schnappenden Fische aus möglichst großer Entfernung anzugreifen. Die durch Ihre Anwesenheit verschreckten und dennoch hungrigen Fische suchen einige Dutzend Meter entfernte Standplätze auf, wo sie die Nahrungssuche erneut aufnehmen. Allerdings ist es unnütz, darauf zu beharren, sich diesen schlauen Fischen zu nähern. Sie sollten eher warten, bis Ruhe eingekehrt ist, die Fische wieder Vertrauen gefaßt haben und zurückkommen, um weiter nach Insekten zu schnappen.

DAS TIPPFISCHEN

Diese Technik ähnelt der des Fliegenfischens. Man verwendet ebenfalls eine Kunstfliege. Nur das Gerät ist robuster: Es besteht aus einer 3–5 m langen Teleskoprute mit einer weichen und kraftvollen Spitze aus Vollkarbon.

Die Montage

Man benutzt eine selbstschwimmende Schnur der Klasse 3, die genauso lang wie die Rute ist. Dazu kommt ein 1,50–2 m langes Vorfach mit einer 0,12 mm Spitze. Traditionsbewußte Angler stellen ihre Schnüre aus den Schweifhaaren von Pferden selbst her.

Die Fliegen und Köder

Die zuvor beschriebenen Kunstfliegen reichen völlig aus. Als Köder nimmt man eine fliegende Ameise oder Stubenfliege.

Die Schmeißfliege wird von dem Hasel sehr geschätzt. ▶

DIE ANGELPRAXIS

Die Wurftechnik unterscheidet sich von der des Fliegenangelns insofern, als man Leerwürfe vermeidet, um die oft empfindlichen Köder nicht vom Haken zu reißen. Die Abdrift muß kurz sein, und man angelt auf Sicht.

Eine klassische Stipprute reicht für das Tippfischen aus. ▼

Die Barbe

***Die Barbe* (Barbus barbus)** *ist einer der kräftigsten Karpfenfische, ein gefährlicher Gegner, der dem Angler nichts erspart. Ihr spindelförmiger, jedoch dicker Körper mit gut ausgebildeten Flossen ist geradezu prädestiniert für bewegte Gewässer, ihrem bevorzugten Biotop. Die kleinen Barben besitzen im Unterschied zu den Döbeln vier Bartfäden an der Oberlippe. Das Maul dieser Fischart ist unterständig. Die dicken, fleischigen Lippen verraten sie als Grundfisch. In der Tat verbringt die Barbe einen Großteil ihrer Zeit damit, zwischen den Kieseln am Grund nach Nahrung zu scharren. Als Allesfresser ernährt sie sich von verschiedenen Wasserlarven, aber auch Früchten, Algen und Moospflanzen und verschmäht bei sich bietender Gelegenheit auch nicht die Eier von Jungfischen. Die Barbe bewegt sich in unterschiedlich großen Schwärmen. Sie fällt durch ihre schillernden Flanken auf, die besonders sichtbar sind, wenn sie sich hin und her windet, um zwischen den Kieseln am Grund zu scharren. Sie ist ein ausgezeichneter Kämpfer, und die auf sie angewandten feinen und subtilen Fangtechniken sind nicht nur sehr wirksam, sondern sorgen auch für Nervenkitzel.*

Das Stippangeln

Diese Technik eignet sich sicherlich am besten für den Fang großer Barben, wenn diese im Sommer den Grund nach Nahrung durchwühlen und sie vorwiegend in starken Strömungen anzutreffen sind. Man läßt in diesen Fällen die Montage weit von der Strömung abtreiben.

Wie der Döbel ist die Barbe ein Opportunist, der das ganze Nahrungsangebot des jeweiligen Milieus auszuschöpfen weiß. Nachfolgend einige, zum Teil überraschende Ködervorschläge, die beweisen, daß die Barbe wie der Döbel ein Feinschmecker ist.

Geräucherte Würstchen

Seltsamerweise scheint die Barbe auf diesen ausgefallenen Köder ganz versessen zu sein.

Flußkrebse und Schnecken

Ein ganzer Flußkrebs – erkundigen Sie sich, ob das Fischen mit Krebsen erlaubt ist – mit den hinteren Schwanzsegmenten auf einen Haken Gr. 5 gezogen, ist für manche Angler der beste Köder. In rauhen Gewässern sind eine Schnecke ohne Schneckenhaus oder eine Nacktschnecke ausgezeichnete Köder.

▲ *In Deutschland ist nur der Amerikanische Flußkrebs als Köder erlaubt.*

Insekten und Larven

Es gibt kaum einen besseren Köder als die auf einen Haken Gr. 6 gezogene Grille, um an sehr heißen Sommertagen den Appetit einer durch die Hitze apathisch gewordenen, großen Barben zu wecken.

Das Neunauge ist in rauhen Gewässern einer der besten Köder. Das Tierchen muß in einem Graben oder einem abseits von der Hauptströmung gelegenen Strudel möglichst unbeweglich angeboten werden.

Die Wasserlarven, besonders die der Trichopteren, gehören zur täglichen Nahrung der Barbe, nach denen sie unter den Kieselsteinen wühlt. Larven werden einzeln oder zu zweit auf einen Haken Gr. 12 oder 14 einer dünnen Montage gezogen. Zwei dicke Maden können diese erstklassigen Köder ersetzen. In rauhen Gewässern sollte man anstelle der Larven Laubwürmer verwenden.

Die Grille ist an heißen Sommertagen ein ausgezeichneter Köder auf Barben. ▶

DAS GERÄT

Man kann natürlich mit sehr subtilen Techniken unter Verwendung einer Match- oder Bolognaiserute die Barbe befischen. Jedoch erfordern die starken Strömungen und der Kampfgeist des Fisches zuweilen sehr stabiles Gerät: Man nimmt für diese Fälle eine 5 m lange, beringte Rute mit einer Rolle, die mit 200 m einer 0,18 mm starken Schnur aufgefüllt ist.

Die Früchte

Je nach Jahreszeit sind Trauben, Kirschen, Erd-, Johannis- und Himbeeren ebenfalls sehr gute Köder. Außerdem beißen im Sommer die Barben in starken, gischtenden Strömungen auch gut auf Algenbüschel an.

Himbeeren oder Erdbeeren können den Appetit der Barbe anregen. ▶

Der Käse

Als Käse sollte man in Würfel geschnittenen Schmelzkäse verwenden.

Die Montagen

Für das Befischen eines Flusses mit turbulenter Strömung ist ein gedrungener Schwimmer mit stabilem Kiel und hoher Tragkraft nötig. Die zahlreichen Hindernisse erfordern darüber hinaus ein an einem Seitenarm mit Sollbruchstelle befestigtes Blei, verteilt angebrachte Bleigewichte oder ein Olivenblei, das von einem kleinen Blei arretiert wird. Letzteres dient als Puffer für den Knoten des Wirbels.

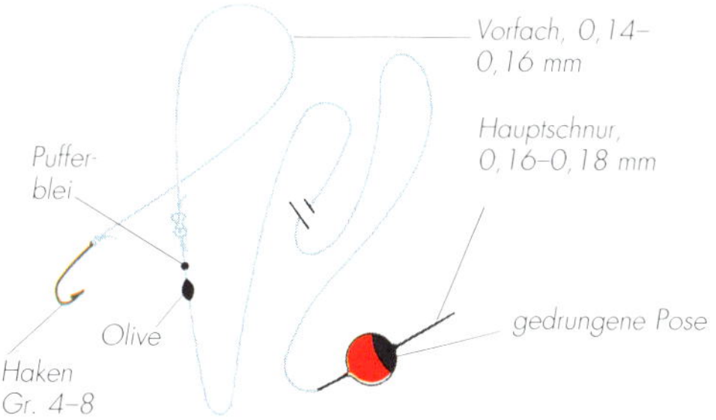

DIE ANGELPRAXIS

▲ *In großen Strömungen trifft man häufig auf Barben.*

Werfen Sie am oberen Teil der Strömung aus und lassen Sie den Köder flußabwärts treiben. Abwechselndes Anspannen und Lockern der Schnur lassen manchmal die Fische anbeißen und machen vor allem den Köder sichtbar.

DAS GRUNDANGELN

Diese mit einer Karpfenrute ausgeübte Fangtechnik ist in sehr turbulenten Strömungen mit tiefem Wasser unabdingbar, wo das Anbieten eines Köders mit der Posenangel ein ungewisses Unterfangen darstellt. Das Grundfischen ermöglicht es nämlich, den Köder an einer bestimmten Stelle zu halten, die oft schwer zugänglich ist und wo sich große Fische aufhalten.

Die Köder

Die Barbe, ein opportunistischer Raubfisch, kann mit einer ganzen Reihe von Ködern angelockt werden. Es bieten sich an: eine auf einen Haken Gr. 6 gezogene Grille, ein Käsewürfel (auf einen Drillingshaken Gr. 12), ein Tauwurm, ein Bündel Laubwürmer oder Gozzer, ein schalenloser Schwanz eines Flußkrebses.

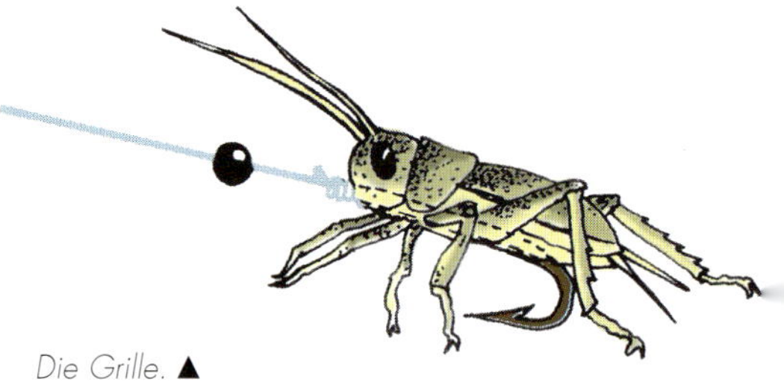

Die Grille. ▲

Die Montagen

In von reißenden Strömungen umspülten Sektoren, überall dort, wo sich das Anfüttern heikel gestalten kann, ist ein an einem Seitenarm mit Sollbruchstelle befestigter Futterkorb die ideale Beschwerung. Er enthält das nach und nach in der Nähe des Köders abgegebene Futter. Die Hauptschnur (0,22 mm) ist mit einem Tönnchenwirbel verbunden, an dem das Vorfach hängt, dessen Durchmesser im allgemeinen 0,20 mm nicht überschreiten sollte.

Die Futterspirale ist heute durch den Futterkorb ersetzt. ▼

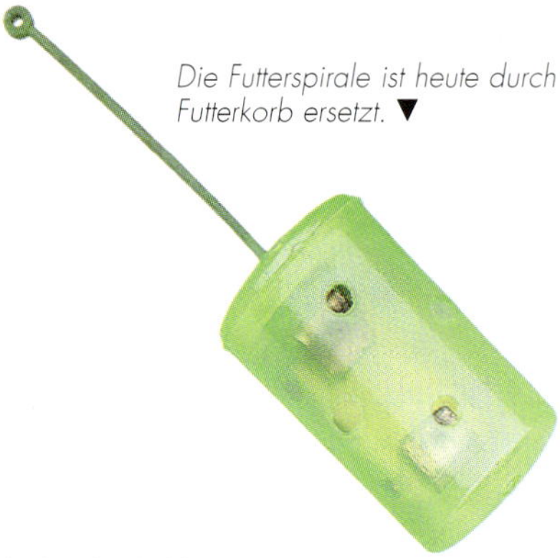

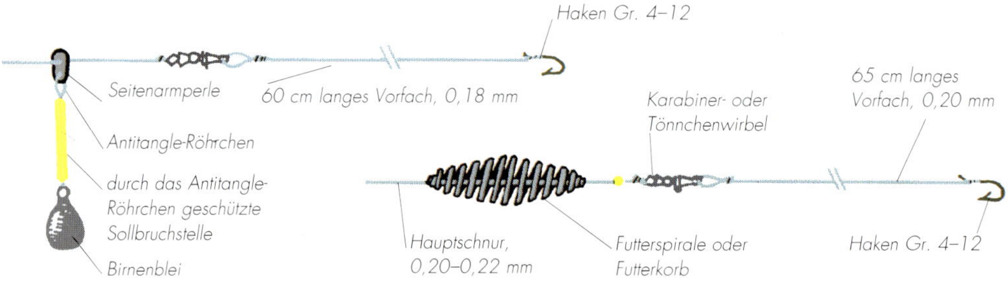

DIE ANGELPRAXIS

Nachdem Sie einen günstigen Unterstand geortet haben – einen Strudel, einen Graben oder einen tiefen, mit Kieseln bedeckten Pool –, werfen Sie den Köder weit aus und legen anschließend die Rute bei gespannter Schnur auf einen Rutenhalter. Der Biß kündigt sich durch kleine Zuckungen der Rutenspitze an. Warten Sie die Flucht der Barbe ab, bevor Sie mit Gefühl anschlagen.

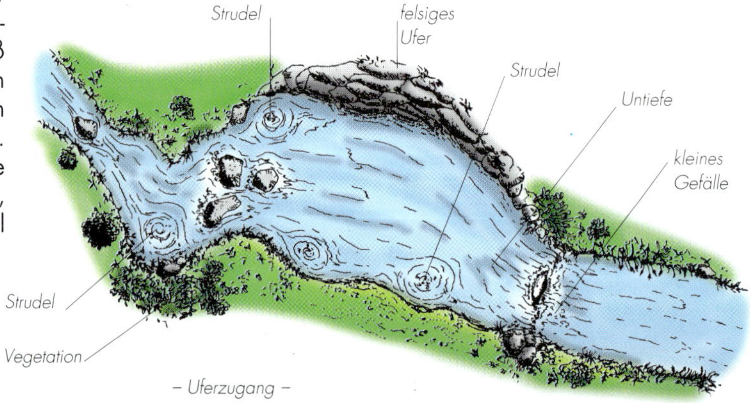

Typische Standplätze der Barbe in einem Fluß

Der Sonnenbarsch

Dieser kleine, bunt schillernde Fisch stammt aus Nordamerika, wo er stark befischt wird, zumal er dort respektable Größen erreichen kann. In Deutschland ist er nicht heimisch. **Der Sonnenbarsch (Lepomis gibbosus)** *ist ein sehr gefräßiger Raubfisch, der das ökologische Gleichgewicht der Teiche schädigt, indem er mit anderen Fischarten konkurriert und vor allem Rudeln von Jungfischen stark zusetzt. Um sich dieses unerwünschten Schädlings zu entledigen, kann man seine natürlichen Gegner in die Gewässer einführen, insbesondere den Schwarzbarsch, aber auch den Hecht, die den Sonnenbarsch jagen. Eine andere, radikale Lösung ist die Trockenlegung des Gewässers mit anschließender Kalkdüngung. Die Freßsucht des Sonnenbarsches hat zumindest den Vorteil, daß er in von ihm üppig besiedelten Gewässern die jüngsten Angler nicht mit leeren Händen nach Hause kehren läßt. Außerdem verführt sein prächtiges Kleid viele Kinder dazu, ihre Fänge ins Aquarium zu setzen, wo sie das farbenprächtige Schauspiel der Sonnenbarsche jederzeit bewundern können.*

Das Stippangeln

Man braucht dazu kein kompliziertes Gerät, eine 3–5 m lange Teleskoprute ist in unseren Breiten völlig ausreichend! Anders hingegen in den USA, wo der Sonnenbarsch über 500 g wiegen kann und daher stabileres Gerät, wie eine beringte Rute mit einer kleinen Spule mit Reserveschnur, nötig ist.

Die Montage

Es genügt eine Schnur der Stärke 0,12 mm für Plötzen, an der ein spindelförmiger Schwimmer befestigt ist. Am 15 cm langen Vorfach ist ein Haken Gr. 14 angebracht.

Die Köder

Maden oder kleine Laubwürmer wecken den Appetit des Sonnenbarsches. Er besitzt eigentlich eine so große Freßlust, daß alle Fleischköder seine Aufmerksamkeit erregen.

Ein Bündel Larven eignet sich sehr gut zum Fang von Sonnenbarschen. ▶

Die Angelpraxis

Man kann den Sonnenbarsch, der sich im allgemeinen in geringer Tiefe zwischen Pflanzen aufhält, auf Sicht angeln. Auf den freiheraus erfolgenden Biß dieses Fisches muß der sofortige Anhieb folgen, sonst wird der Haken zu tief verschlungen. Es sei darauf hingewiesen, daß der Sonnenbarsch nicht lebend transportiert werden darf.

Der Aal

Dieser geheimnisvolle, schon die Angler in der Antike faszinierende Fisch besitzt, ähnlich dem Meeraal oder der Muräne, eine seltsam geschlängelte Form. Sein schuppenfreier Körper ist von einer dicken Schleimschicht überzogen. Wenngleich ***der Aal* (Anguilla anguilla)** *einen kleinen Kopf besitzt, sind seine Kiefer sehr kräftig entwickelt und können ernste Verletzungen verursachen. Dieser Fisch ist katadrom, d. h. er laicht im Gegensatz zu den meisten anderen Wanderfischen im Meer, steigt aber danach in die Flüsse auf. Die im Vergleich zu den Rognern wesentlich kleineren Milchner besiedeln küstennahe Teiche und den Unterlauf von Flüssen, wohingegen die ersteren weit flußaufwärts wandern, wo sie in den meisten Wasserbiotopen bis hin zu winzigen Bächen vorkommen. Dem im Westatlantik (Sargassomeer) stattfindenden Laichgeschäft geht eine 5000–6000 km lange Wanderung voraus. Jeder Rogner legt bis zu einer Million Eier, aus denen ungefähr 30 Tage später die Aallarven schlüpfen. Die Larven werden anschließend von der Strömung an unsere Küsten getrieben, wo sie sich in winzige, durchsichtige Glasaale verwandeln.*

Das Grundangeln

Der eher nachtaktive Aal sollte bevorzugt in der Dämmerung befischt werden. Er kann aber auch tagsüber bei einem abrupten Wasseranstieg gefangen werden. Die klassische und am häufigsten angewandte Technik ist das Grundfischen. Man verwendet dazu eine robuste Wurfrute, die mit einer Stationärrolle bestückt ist, deren Spule mit 150 m einer 0,30 mm starken Schnur aufgefüllt ist. Als Beschwerung dient ein flaches, 15–20 g schweres Olivenblei.

Die Montage

Das Vorfach ist mit einer Gleitolive beschwert. Es ist mit einem Karabinerwirbel verbunden, an welchem ein 40 cm langes Vorfach mit 0,28 mm Durchmesser befestigt ist. Der Haken besitzt die Gr. 2–6.

▲ ▶ *Eine kleine Schelle an der Rutenspitze dient als Bißanzeiger.*

▲ *Der Aal beißt vor allem in den Dämmerungsstunden.*

DER AALPÖDDER

Diese Technik ist unbestritten eine der einfachsten. Der Aalfang mit Wurmknäuel auf Wollfäden ist eine sehr wirksame Technik und wird nach altem Gebrauch in küstennahen Feuchtgebieten praktiziert.

Die Montage

Diese Montage kommt sogar ohne Haken aus. Es genügt, ein Bündel Tauwürmer mit einer großen Nadel auf einen Wollfaden zu ziehen. Der Aal wird ein Opfer seiner besonderen Morphologie, indem er mit seinen winzigen Zähnen an den Wollfasern hängen bleibt. Der Aal kann sich jedoch manchmal sehr schnell befreien, so daß der Angler auf ein anderes Instrument zurückgreifen muß: einen umgedrehten Regenschirm, in den er den gefangenen Fisch setzt. Dem glücklosen Aal werden diesmal die Schirmstreben zur Falle, zwischen denen er sich verheddert.

Präparieren des Aalpödders

DIE GRUNDLEINE

Diese früher in zahlreichen Flüssen geduldete Technik ist heute mit Ausnahme privater oder maritimer Gewässer untersagt. Trotz ihrer Einfachheit gehört diese Technik zu den wirksamsten für den Fang von großen Aalen, die bei beginnender Dämmerung auf die Jagd gehen.

Die Montage

Die Montage ist sehr einfach aufgebaut und besteht aus einem Haken Gr. 1 und einem 5 m langen Bindfaden, der mit einem flachen, 20 g schweren Olivenblei beschwert ist.

Der Köder

Als Köder eignen sich ein dicker Tauwurm (der allerdings recht oft von kleinen Fischen aufgefressen wird, bevor der Aal ihn aufspüren kann), eine Nacktschnecke, ein Fischfetzen oder (soweit erlaubt) ein kleiner, lebender Fisch.

▲ *Der dicke Tauwurm ist ein idealer Aalköder.*

DIE ANGELPRAXIS

▲ *Traditionelles Aalfischen mit Reusen im kanadischen Saint-Laurent, Québec.*

Die Grundleine wird am Abend ausgelegt und an einem Weiden- oder Erlenast oder an einem in den Sand gesteckten Pflock befestigt. Sie wird in der frühen Morgendämmerung hochgezogen. Dies sollte noch vor dem Aufgehen der Sonne geschehen, da der Aal bei Tageslicht sich seiner Lage bewußt wird und sich am Grund windend verheddern kann.

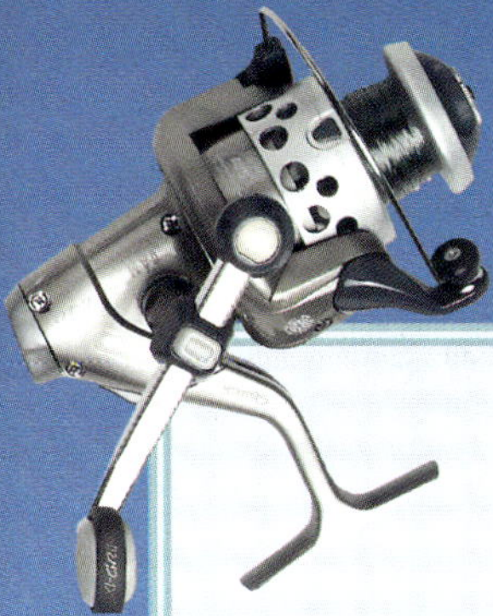

Die Meeresfische

Der Wolfsbarsch

Er ist unbestritten der von Anglern an Europas Westküste am meisten gefangene Küstenfisch. Er wird sowohl mit der Technik des Schleppfischens als auch der des Spinr oder Fliegenfischens gefangen! Der hochrückige **Wolfsbarsch (Dicentrarchus labrax)** *mit seinem weit gespaltenem Maul ist unverkennbar ein gefährlicher Raubfisch! Die Flanken schimmern silbern, und hinter den Kiemendeckeln befindet sich ein dunkler Fleck. Die großen Wolfsbarsche jagen als Einzelgänger in den Brandungszonen felsiger Küsten. Dieser Fisch erträgt starke Änderungen des Salzgehalts und wagt sich auch in das Brackwasser küstennaher Teiche. Er ernährt sich von Schalentieren, Fischen und Kopffüßern. Stattliche Exemplare können mehr als 10 kç wiegen. Eine andere, vor allem am Golf von Gascogne und an der Küste der Vendée in Frankreich heimische Art ist* **der Gefleckte Wolfsbarsch (Dicentrarchus punctatus).**

DAS FLIEGENFISCHEN

Im Unterschied zum klassischen Spinn- oder Brandungsfischen erweist sich diese Technik vor allem in stillen Gewässern, zum Beispiel in Muschel- oder Austernteichen, als sehr wirkungsvoll. Wenngleich eine Fliege oder ein Popper nicht unbedingt die größten Fische anlocken, schätzen die Barschangler den abwechslungsreichen Drill.

Der Popper

Der Popper kann genauso wirksam wie ein Big-Big sein, vorausgesetzt man pirscht sich sehr unauffällig an, was beim Fliegenfischen nicht immer leicht zu bewerkstelligen ist. Dieses Sichtangeln an der Oberfläche ist eine sehr vergnügliche Technik, die oft eindrucksvolle Bisse beschert! Im Handel sind eine Reihe prächtiger Popper für Barsche erhältlich, deren Form identisch mit den für die Schwarzbarsche verwandten Slidern ist. Es gibt sie in mehreren Farben, und sie besitzen alle ein weißes Haarbüschel am Schwanz, das als Signal für den Raubfisch dient. Sie werden auf einen Haken Gr. 2 gezogen. Der Barsch greift sie häufig an dem weißen Haarbüschel an, worunter der Haken versteckt ist! Die Fangtechnik ist identisch mit der für den Forellenbarsch.

Popper für den Barschfang. ▼ ▶

Die Fliegenmuster

Die auf einen Haken Gr. 2–6 gebundenen Fliegenmuster ahmen Sandaale, Sprotten und diverse kleine Futterfische nach. Einige sehr wirklichkeitsgetreue Muster imitieren nahezu perfekt kleine Tintenfische oder Sepien, die vom Barsch sehr geschätzt werden.

▲ Ein mit Tinsel verzierter Streamer für den Barschfang.

▲ Die Rolle für das Fliegenfischen im Meer muß robust und am besten rostfrei sein.

Das Gerät

Man sollte robustes Gerät für die schwierigen Bedingungen des maritimen Milieus verwenden. Das sind erfahrungsgemäß: eine manuelle, rostfreie Rolle und eine stabile, 2,7 m lange, für eine 0,08 mm starke Schnur ausgelegte Rute, wie sie für den Schwarzbarsch oder die Meerforelle benutzt wird. Die Schnurwahl richtet sich nach der zu befischenden Tiefe, in der sich der Barsch aufhält. Für das Angeln mit Popper ist ein sinkender oder schwimmender Schnurtyp unerläßlich.
Das 3 m lange Vorfach (für mißtrauische Fische länger) besitzt je nach vermuteter Fischgröße eine 0,24–0,28 mm starke Spitze.

Das Spinnangeln mit Oberflächenködern

Diese Technik wird von den Küstenfischern am meisten praktiziert, welche zahlreiche Kniffs erfunden haben, um die Wachsamkeit des Fisches in den Wogen zu überlisten. Für Barsche kommen vor allem Kunstköder mit Propeller in Frage, die in den USA schon seit langem für ihre große Wirksamkeit bekannt sind und seit einigen Jahren auch in Europa vertrieben werden.

Spinnangeln mit Kunstködern

Die Technik des Spinnangelns mit Kunstködern hat sich in den letzten Jahren beträchtlich fortentwickelt, vor allem mit dem Aufkommen 3,80–4 m langer Ruten, die trotz ihrer Leistungsfähigkeit sehr leicht sind. Dieses Gerät ermöglicht ein subtileres, feineres Fischen und größere Wurfweiten. Mit einer solchen Ausrüstung kann man heute neben der klassischen Palette schwerer Spinner für das Erkunden tiefer Zonen unzählige leichte Kunstköder einsetzen. Diese eignen sich hervorragend zur Erkundung von Muschelbänken und Schelfen. Man kann sie auch weit zwischen Pflanzen abtreiben lassen. Die Kunstköder aus Weichplastik, aber auch Rapala- und Oberflächenköder, wurden in den letzten Jahren immer beliebter, darunter insbesondere die Kunstköder mit Propeller wie der Big-Big.

▲ Mit einem Boot kann man uferferne Untiefen erkunden, wo die größten Barsche patrouillieren.

Der Big-Big

Dieser 1981 entwickelte Oberflächenköder ist unübertroffen für den Fang von Barschen, die sich in Gesteinsspalten von Felsriffen und unter Pflanzen in Tiefen von weniger als 5 m verstecken. Die von seinem Propeller ausgesandten Vibrationen, verbunden mit einer unregelmäßigen Fortbewegungsweise, die durch eine entsprechende Köderführung erzeugt wird (ruckartiges Einholen, kurze und kräftige Schnurzüge), machen den Big-Big für den Barsch unwiderstehlich. Er erzeugt eine Tröpfchenwolke sowie die für ihn typischen Blubbergeräusche und läßt ein mit funkelnden Blasen durchsetztes Kielwasser hinter sich zurück. Kurzum, er ahmt eine geräuschvolle Beute nach, die an der Oberfläche gegen die Strömung ankämpft.

Mehrere Modelle werden im Handel angeboten. Es gibt sie in verschiedenen Farben und Größen, in großen, schweren Ausführungen für weite Würfe gegen den Wind mit beispielsweise getigertem Kleid oder weißer Farbe mit rotem Kopf.

Der Big-Big ist über einen Karabinerwirbel direkt an einer Hauptschnur (0,35 mm) befestigt. Er wird bei gehobener Rute mit ruckartigen Zügen und brüsken Beschleunigungsbewegungen eingeholt, wobei man ihn bei Gegenströmung zeitweise auf der Stelle ruhen läßt. Je nach Bewegungsrhythmus gleitet der Big-Big auf den Wellen, wird langsamer, um anschließend in einer Wolke von Blasen davonzuziehen.

◀ *Der eigentümlich aussehende Kunstfisch Big-Big ist ein ausgezeichneter Köder für den Barsch.*

Der Big-Splash und der Big-Bomb

Diese Oberflächenköder mit zwei Haken (im Unterschied zu drei beim Big-Big) besitzen eine spindelförmige Form mit einer vorne schräg abgekanteten Fläche. Diese Form erzeugt beim Zug an der Schnur, sobald der Kunstköder untergetaucht ist, eine Wolke von Wasserblasen mit entsprechender Geräuschkulisse. Die Wasserspritzer üben eine große Lockwirkung auf den Barsch aus, dessen Jagdinstinkt dadurch geweckt wird. Diese zwei Kunstköder erzeugen weit mehr Geräusche als der Big-Big. Sie besitzen zu beiden Seiten des Befestigungsringes zwei Röhren, durch die ein durch den Wasserdruck beim Einholen erzeugter Wasserstrahl läuft, der oberhalb des Köderkopfes ausströmt. Er ruft zusätzliche Geräusche und Wasserspritzer hervor. Der Big-Bomb ahmt mit seiner unregelmäßigen Fortbewegungsweise wunderbar einen Schwarm flüchtender, kleiner Fische nach. Er ist für bewegte Küstengewässer zu empfehlen, wo er mit ruckartigen Zügen und Lockerungen der Schnur angeboten wird.

◀ *Der Big-Big erzeugt beim Einholen viele Wasserspritzer.*

Die Wobbler

Schwimmende oder sinkende Rapala sind gute Köder für den Fang von Wolfsbarschen, die man sowohl für das Schlepp- als auch für das Bootsfischen verwenden kann. Im letzten Fall ist es zur Erhöhung der Wurfweite empfehlenswert, an der Hauptschnur eine Wasserkugel anzubringen, an die sich eine 3 m lange Schnur anschließt. Ein silbern-bläulich gefärbter Rapala ahmt nahezu perfekt einen Sandaal nach. Man benutzt ihn vor allem für große Tiefen (6–10 m), wo man nicht zögern sollte, ein großes Modell von beispielsweise 20 cm einzusetzen. In diesen Tiefen halten sich gewöhnlich große Sandaale auf! Shad Rap und Rapala Count Down sind ebenfalls geeignet.

◀ *Der Rapala bringt auch die widerspenstigsten Wolfsbarsche zum Beißen.*

DAS SPINNANGELN MIT WEICHPLASTIKKÖDERN

Zunächst werden die Weichplastikköder behandelt, anschließend die Blinker, da sie oft miteinander kombiniert werden. Ein großer Löffel weckt durch sein Köderspiel meist die Aufmerksamkeit der Wolfsbarsche und läßt die Plastikköder abtreiben, deren zu geringes Gewicht oft nicht zum Wurf geeignet ist.

Der Raglou und der Red Grill

Ihre Spindelform imitiert einen 55–160 mm langen Sandaal. Die kleinen Größen sind zu Beginn der Saison an allen geschützten Stellen vorzuziehen, wenn die Wolfsbarsche oft Schwärme von winzigen Futterfischen jagen. Sie werden an einem Seitenarm der Montage befestigt. Der Wurf erfolgt mit einer speziell für Wasserkugeln ausgelegten Rute, die mindestens 3,60 m lang (das Vorfach muß nämlich ziemlich lang sein) und mit einer Wasserkugel beschwert ist. Die Montage vermittelt auf diese Weise den Eindruck eines gejagten Schwarmes von Futterfischen, die an der Oberfläche Gischt erzeugen, welche in Wirklichkeit durch das Einholen der Kugel hervorgerufen wird. Man kann auch in größeren Tiefen erkunden, indem man vier oder fünf Raglous mit einem Löffel des Typs Flashmer oder Yann Lite wirft.

▲ *Raglou und Red Gill: hervorragende Köder.*

EIN FARBIGER UND GUT »BEWAFFNETER« RAGLOU

Der Raglou ist mit einem einfachen Haken mit langem Schaft bestückt, dessen Spitze in der Regel nach unten gebogen ist. Für die Befestigung eines Jig-Bleikopfes wird die Spitze nach oben gebogen. Dieser Kunstköder wird in vielen Farben angeboten, wie Weiß, Rosé, Rot, Braun oder einer Mischung aus mehreren Farben, die auch fluoreszierend oder phosphoreszierend sein können. Die Farbwahl unterliegt den gleichen Regeln wie das Fliegenfischen von Lachsen: bei dunkler Witterung ein dunkler, bei heller Witterung ein heller Köder. In den Dämmerungsstunden lockt ein phosphoreszierender Raglou die Barsche an, wohingegen in bewegten Küstengewässern ein fluoreszierendes Modell unverzichtbar ist. In sehr klarem Wasser besitzen schimmernde, mit Pailletten besetzte Muster eine gute Lockwirkung.

Der Vitala und der Kat

Diese Weichplastikköder ahmen perfekt einen sich wackelnd fortbewegenden Fisch nach. Insbesondere der Vitala, der vor kurzem den Markt erobert hat, wird von Raubfischanglern viel benutzt. Er wird ähnlich wie ein toter Fisch geführt. Beim geringsten Lockern der Schnur schwenkt er hin und her und zappelt wie ein verletzter Beutefisch. Dieser Kunstköder ist in verschiedenen Größen von 5–14 cm Länge erhältlich und kann mit einem Löffel des Typs Flashmer oder Yann kombiniert werden.

◀ *Der Vitala ist ein Köder der neuen Generation für den Fang aller Raubfische.*

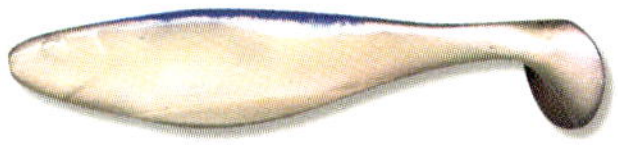

Der Kat hat sich im Süß- und Salzwasser bewährt. ▶

Der Civelix

Während der Raglou oder der Red Gill einem Sandaal ähneln, soll der Civelix einen Glasaal imitieren. Dieser geschlängelte, kleine Köder mit schwankender Fortbewegungsweise wird am besten mittels einer Wasserkugel geworfen oder für feine Fangtechniken an einem Bleikopf befestigt.

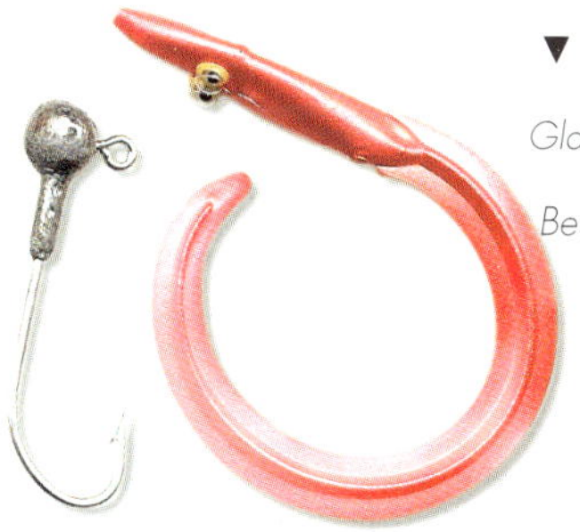

▼ *Der Civelix imitiert den Glasaal, einen häufigen Beutefisch des Barsches.*

Der Rag Bar

Es ist ein Raglou, dessen Vorderteil eine Art Bleikopf bildet. Er muß daher wie ein toter Fisch geführt werden und arbeitet auf diese Weise gut in Tiefen bis zu 3–4 m.

▲ *Mit dem Bleikopfsystem kann der Rag Bar in größere Tiefen abtauchen.*

DAS SPINNANGELN MIT METALLKÖDERN

Die Pilker arbeiten in Kombination mit einer Hegene oder können für sich alleine zur Erkundung großer Tiefen eingesetzt werden. Man kann für diese Technik auch Löffel mit Scalelite-Aufklebern wirksam einsetzen.

Der Angel

Dieser Spinnertyp ist eine Kombination aus einem Spinnerblatt und einem Weichplastikköder des Typs Raglou. Er wird 3 m hinter einer Wasserkugel angeboten. Der Angel arbeitet hervorragend in oberen Wasserschichten, wenn der Barsch in der Gischt der Wellen jagt. Das drehende Spinnerblatt in Kombination mit dem hin und her wiegenden Weichplastiköder erregt unweigerlich die Aufmerksamkeit des Raubfisches

▼ *Der Angel ist hervorragender Kombinationsköder für den Barschfang.*

Die Pilklöffel

Die Wahl eines der zahlreichen Löffel, sei es ein Yann Lite, ein Snack, ein Mitrolite oder ein Muster der Flashmer-Serie, hängt von den momentanen, vor Ort gegebenen Bedingungen ab. Er muß leicht sein (10–30 g), wenn die Fische an der Oberfläche jagen, schwer (40–50 g), wenn man große Tiefen erkunden will oder ihn in Kombination mit anderen Weichplastikködern anbietet. Alle diese Kunstköder mit stromlinienförmigem Profil ermöglichen weite Würfe. Solche mit sehr leichtem Blatt erweisen sich als besonders wirksam für kleine Fische jagende Barschrudel.

Der Löffel erfordert eine gewissenhafte Führung: Das Einholen wird in unregelmäßigen Abständen abrupt beschleunigt, woraufhin wieder etwas Schnur gegeben wird, so daß die Drehungen des Löffels anziehend auf den Raubfisch wirken. Dieses schwenkt hin und her und ist auch in großer Entfernung sichtbar.

DAS SCHLEPPFISCHEN

▲ *Eine kleine Pastikkrake ist hervorragend für diese Technik geeignet.*

Das Schleppfischen ist eine der besten Methoden, um große Wolfsbarsche zu fangen, die in weit vom Ufer entfernten Untiefen und zwischen Felsklippen patrouillieren. Unabhängig davon, ob man den Fisch einfach mit der Schnur in der Hand oder der Rute fängt, muß das Vorfach immer länger als 15 m sein.

Der Pollack

Der Pollack (Pollachius pollachius) *ist ein kraftvoller, häufig kaum befischter Gegner, der in der Verteidigung dem Wolfsbarsch in nichts nachsteht. Wie beim letzteren läßt die Silhouette keine Zweifel aufkommen, daß es sich um einen Raubfisch handelt! Sein spindelförmiger Körper besitzt ein weit gespaltenes Maul mit kräftigen Kiefern. Wie alle Schellfische verfügt er über drei Rücken- und zwei Afterflossen. Die Schwanzflosse ist gut ausgebildet. Sein Schuppenkleid glänzt goldgelb. Der Pollack kann beeindruckende Körpermaße erreichen: über 1 m Länge bei einem Gewicht von mehr als 10 kg. Im Sommer besiedelt er Küstengewässer. Er kommt sehr zahlreich in Irland vor, wo man an der Westküste prächtige Exemplare fangen kann.*

Die Silhouette **_des Köhlers_ (Pollachius virens)** *ähnelt der des Pollacks, jedoch ist sein Schuppenkleid dunkler und die Flanke durch ein weißes Band betont. Der Köhler nähert sich nicht so weit dem Ufer wie der Pollack, und man befischt ihn vor allem auf offener See in der Nähe von Wracks und felsigen Untiefen. Er ist ungefähr genauso groß wie der Pollack.*

Das Spinnangeln

Der kräftige und opportunistische Pollack läßt sich mit den gleichen Kunstködern fangen, wie man sie auch für den Barsch verwendet. Die Fangbedingungen sind allerdings sehr verschieden. Wenn er sich der Küste nähert, jagt er selten an der Oberfläche, sondern eher in mittleren Wasserschichten. Im Gegensatz zum Barsch meidet er zu bewegte Sektoren und sucht kleine, seichte Buchten auf.

Die Löffel

Es eignen sich alle länglichen Muster, welche die Fortbewegung eines Sandaals, des bevorzugten Beutefisches des Pollacks, nachahmen. Dazu gehören Blinker der Flashmer Serie, aber auch norwegische Dorschpicker des Typs Jensen Tobis.

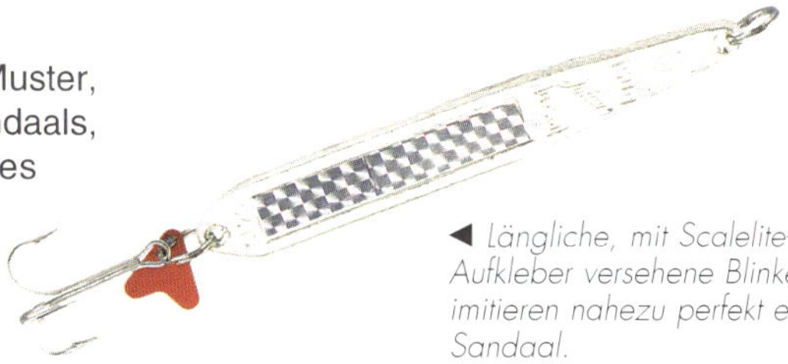

◄ Längliche, mit Scalelite-Aufkleber versehene Blinker imitieren nahezu perfekt einen Sandaal.

DAS GERÄT

Es ähnelt dem Gerät, das für den Barsch verwendet wird, und besteht aus einer kräftigen 2,50–3,50 m langen Wurfrute, an der eine mittelgroße Wurfrolle mit 200 m einer 0,35 mm starken Schnur befestigt ist.

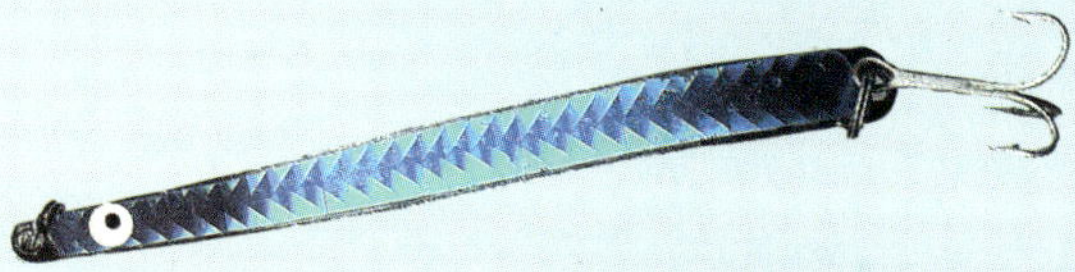

▲ *Ein norwegischer Löffelpicker des Typs Jensen Tobis.*

Die Weichplastikköder

Die Muster des Typs Raglou oder Red Gill imitieren ebenfalls Sandaale und werden mit einer Wasserkugel oder einem schweren Blinker kombiniert geworfen. Man sollte auch Köder des Typs Vitarag, Civelex und Ragbar verwenden.

▲ *Der Raglou imitiert nahezu perfekt einen Sandaal, den Lieblingsköder des Pollacks.*

Die Wobbler

Sinkende Rapala des Typs Shad oder Rattlin aber auch der rote und blaue Magnum sind ebenso wie der Sliver ausgezeichnete Kunstköder. Alle verwendeten Wobbler müssen sich zur Erkundung großer Tiefen eignen.

▲ ▶ *Sinkende Magnum Rapala.*

DIE ANGELPRAXIS

Sie können jagende Pollacks auf Sicht angeln. Die raubenden Fische verraten sich durch frenetisch an die Obefläche springende Kleinfische. Des weiteren bieten sich zur Erkundung alle stillen, kleinen und tiefen Buchten an, die sich in der Nähe von Klippen oder Felsgeröll befinden.

DAS GRUNDFISCHEN VOM BOOT

Das Wrackfischen bringt die größten Pollacks und prächtige Köhler ein, manchmal sogar in unmittelbarer Küstennähe.

Die Montage

Die Beschwerung, ein Birnenblei, ist an einem Seitenarm mit Sollbruchstelle befestigt, der an einer Gleithülse hängt, welche an einen Tönnchenwirbel stößt. Das 2 m lange Vorfach mit einem Durchmesser von 0,40–0,45 mm ist mit einem Haken Gr. 1 bestückt.

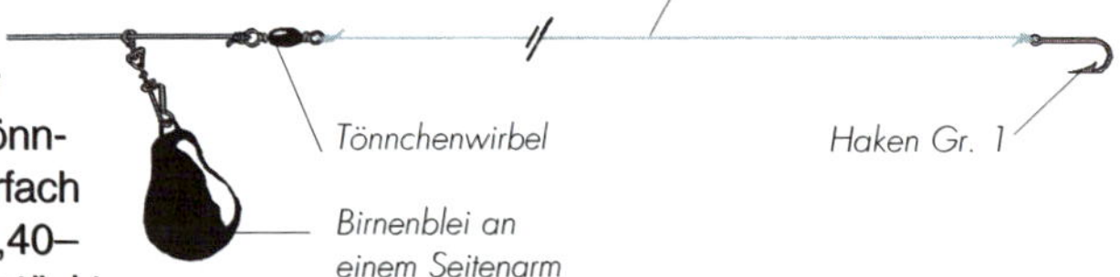

Das Gerät

Es besteht aus einer kräftigen Wurfrute mit einer speziell für weite Würfe ausgelegten, schweren Stationärrolle oder einer beringten Wurfrute für das Bootsangeln mit der Multirolle. Die Schnur muß mindestens 0,45 mm dick sein, da man es mit sehr großen Fisch zu tun bekommen kann.

Eine robuste Stationär- oder Multirolle ist ideal, um einen großen Pollack auf offener See zu bezwingen. ▶

Die Köder

Die am häufigsten verwandten Köder sind in Streifen geschnittene Kopffüßer, Sardinen- oder Makrelenstücke sowie Bündel von Wattwürmern.

Der Wattwurm eignet sich hervorragend für das Grundfischen auf Pollack vom Boot aus. ▶

Die Angelpraxis

Ankern Sie über einem Wrack und lassen Sie anschließend die Schnur bis auf den Grund ab. Der Standplatz kann mit zermahlenen, in Lebertran getauchten Fischen angefüttert werden. Das Angeln auf Wracks kann Ihnen freudige Überraschungen bescheren, da sich viele Fische an diesen Stellen mit reichlich vorhandener Nahrung aufhalten. Sollten keine Fische anbeißen, können Sie anstelle der Naturköder große Pilker verwenden, die man über den Grund zupft.

Das Schleppfischen

Der Pollack kann auch mit der Technik des Schleppfischens gefangen werden. Sie ist die gleiche wie die für den Wolfsbarsch beschriebene.

▼ *Das Schleppfischen vor der Küste der Vendée in Frankreich.*

Die Meeräsche

***Die Meeräsche* (Chelon labrosus)** *ist an ihrem spindelförmigen, mit grossen silbernen Schuppen bedeckten Körper erkennbar. Sie ist sehr anpassungsfähig, überlebt auch in stark verschmutzten Gewässern und kommt entlang felsiger und sandiger Küsten, aber auch an Mündungen, Häfen und in Salzwasserteichen vor. Ihr Höchstgewicht liegt bei 1,5–2 kg. Das kleine Maul der Meeräsche verrät ihre Nahrungsgewohnheiten: Sie ernährt sich von kleinen Schalentieren und Wirbellosen sowie Pflanzen, die sie von den Felsen abkratzt. Die Qualität ihres Fleisches variiert je nach Milieu, in dem sie lebt. Für den Angler bleibt sie dennoch ein interessanter Fisch.*

Das Stippangeln

Diese subtile und vergnügliche Technik ist besonders reizvoll an Hafenbefestigungen, wo häufig große Meeräschen patrouillieren. Wenngleich sie wegen der verschmutzten Hafengewässer nicht genießbar sind, bleiben sie dennoch für den Angler als gefährliche Gegner eine Herausforderung, zumal die verwandten Montagen sehr dünn sind.

Die Montage

Die Montage kann aus einer englischen oder einer gedrungenen Pose bestehen. Die Posen sollten mit weichen, verteilten Bleigewichten beschwert werden, um beim Biß nicht das Mißtrauen der Fische zu erregen. Am 40 cm langen Vorfach ist ein einfacher Haken Gr. 10 für das kleine Maul der Meeräsche befestigt.

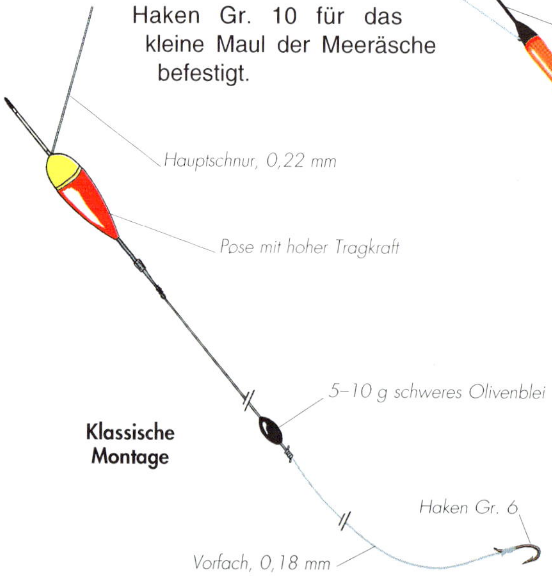

Das Gerät

Eine 3,90 m lange Matchrute mit weicher Spitzenaktion ist ideal, um den Kampfgeist dieses Fisches richtig schätzen zu können. Die Stationärrolle ist mit 150 m einer 0,22 mm starken Schnur aufgefüllt.

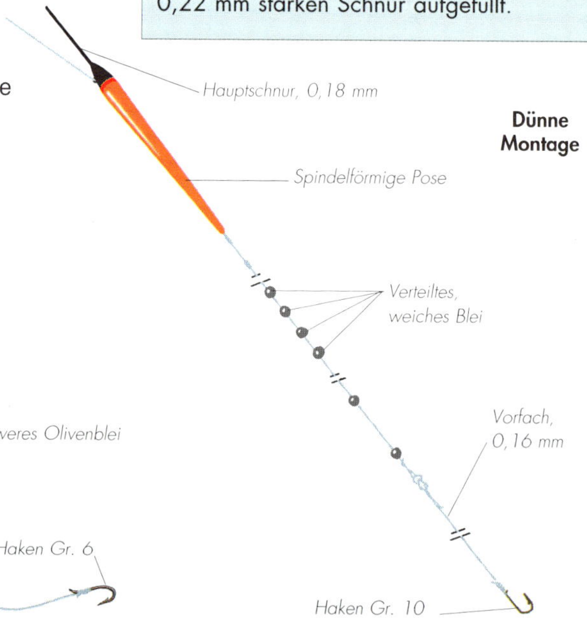

Die Köder

Die Meeräsche frißt praktisch alles: diverse
on den Kanalisationsrohren ins Meer beförderte .bfälle, wo sie sehr zahlreich anzutreffen ist! ;eeringelwürmer, geschälte Garnelen, Stücke on Sandaalen und fettige Fischeingeweide önnen ebenfalls benutzt werden.

DIE ANGELPRAXIS

In einem Hafen können Sie die Fischschwärme auf Sicht angeln. Als Köder dient trockenes, auf der Oberfläche schwimmendes Brot in Walnußgröße. Die Pose kann durch eine kleine Wasserkugel ersetzt werden. Sollten die Meeräschen nicht auftauchen, können Sie die Fische zusätzlich mit einer zermahlenen Sardine, die mit Brot und Erdnußmehl vermischt ist, anfüttern. Das Prinzip eines solchen Köders beruht auf der Bildung einer Ölspur, die die Meeräschen anlockt.
Sobald ein Fischrudel angelockt ist, dürfen Sie nur noch anfüttern, wenn die Bisse seltener werden. Der Biß kann zaghaft – erkennbar an dem zuckenden Schwimmer – oder vehement ausfallen. Ein kräftiger Anbiß wird durch ein abruptes Eintauchen des Schwimmers signalisiert.

DIE WASSERKUGEL

Die Meeräschen wandern Anfang Juli in vielen Flüssen stromauf. Man kann sie dann sehr erfolgreich im Brackwasser oder sogar im Süßwasser fangen, denn sie bewegen sich in ;roßen Rudeln fort. Die erste Schwierigkeit liegt in der Ortung solcher Rudel. Dazu wandert man die sandigen Uferstreifen ab und beobachtet aufmerksam das Wasser. Sprudelnde Wasseroberflächen verraten die Anwesenheit von Dutzenden von Meeräschen, die in einem Kontorwasser Stellung bezogen haben. Wenngleich die Meeräsche im Süßwasser kaum etwas frißt, kann man sie manchmal dennoch mit einem Wurm oder einem Bündel Larven anlocken.

Die Montage mit Wasserkugel

Die Meeräsche kann auf klassische Weise mit einem Spinner oder mit natürlichen Ködern befischt werden, die man mit einer Wasserkugel wirft. Letztere ist zur Hälfte gefüllt.

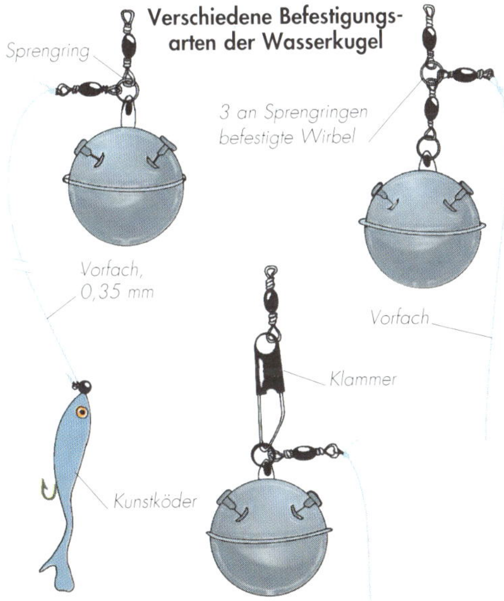

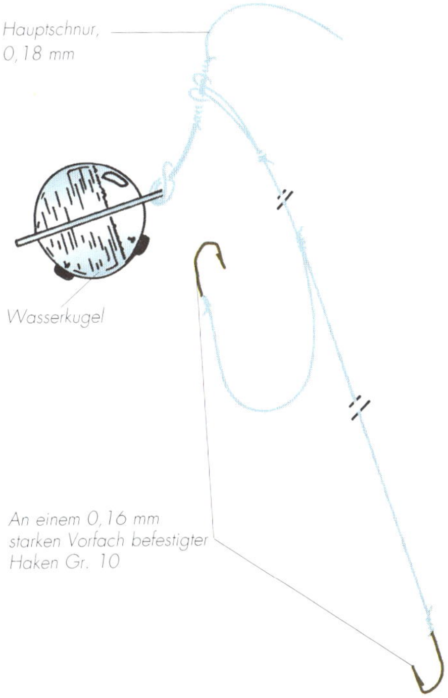

DAS SPINNANGELN

Diese Technik eignet sich hervorragend zum Befischen großer Meeräschen. Man verwende in der Regel einen Spinner, der mit einem Wurm kombiniert ist.

Der rotierende Spinner

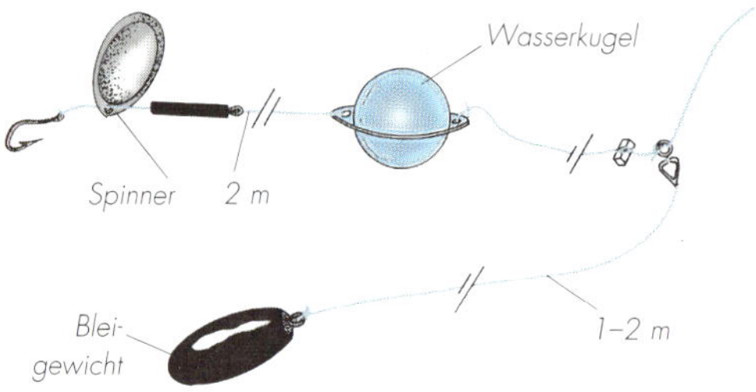

Dieser Kunstköder mit einem kleine Spinnerblatt ist mit einem einfachen Haken ar Ende der Nylonschnur befestigt. Die Mee äsche reagiert zwar kaum auf Metallköde jedoch weckt das silbrig glänzende Spinner blatt ihr Interesse. In starken Strömungen is eine Kombination aus Spinner, Wasserkuge und Blei sehr wirksam.

Die Köder

Ein auf einen Haken gezogener Seeringelwurm kann den Appetit der Meeräsche wecken und dadurch ihre Attacke auslösen. Der Köder muß unbedingt fest am Haken angebracht sein, denn die Meeräsche besitzt die ärgerliche Angewohnheit, am Wurm zu saugen, ohne sich anhauen zu lassen! Die Hakenspitze wird an mehreren Stellen in den Wurm eingestochen, wobei ungefähr zwei Drittel der Hakenspitze herausstehen müssen, so daß ein Stück des Wurms frei in der Strömung baumelt. Um größere Wurfweiten zu erzielen, sollte man 3 m weiter oben an der Montage eine Wasserkugel anbringen. Eigens für die Verwendung von Wasserkugeln ausgelegte, 3,90 m lange Ruten mit weicher Aktion eignen sich hervorragend für diese feine und subtile Technik.

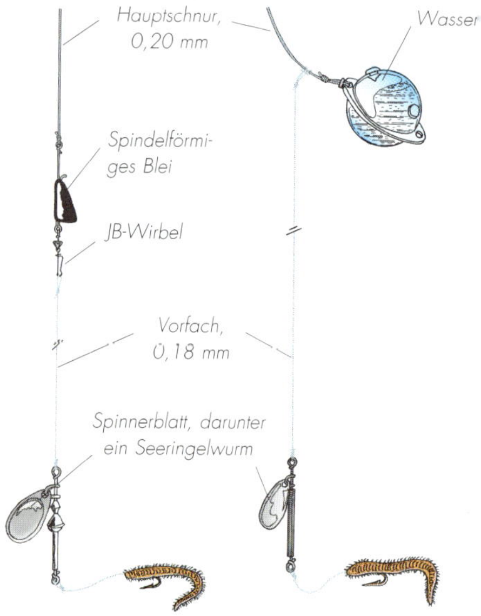

DIE ANGELPRAXIS

Der Wurf erfolgt quer über das Strombett oder leicht stromabwärts. Anschließend sollten Sie möglichst langsam inmitten der Fischschwärme einholen. Der Biß kann durch ein Klopfen oder kleine, kaum wahrnehmbare Züge an der Schnur signalisiert werden. Im letzteren Fall saugt der Fisch an dem frei am Haken hängenden Wurmteil, ohne sich entschließen zu können, den Köder zu verschlingen. Manchmal bringt eine Unterbrechung des Einholens eine widerspenstige Meeräsche zum Beißen.

▼ *Mit nahender Dämmerung, wenn das Meer sich beruhigt, wandern die Meeräschen Richtung Küste.*

Die Makrele

er Fang ***der Makrele*** **(Scomber combrus)** *ist in vielerlei Hinsicht sehr eizvoll: Der Fisch verteidigt sich auf indrucksvolle Weise, indem er sich erzweifelt hin und her windet und nach llen Richtungen ausschlägt, wodurch ei Verwendung einer dünnen Schnur er Ausgang des Drills manchmal offen t. Die Makrele legt jedes Mißtrauen b, wenn sie von einer ungezügelten reßlust befallen ist, so daß auch der ngeschickteste Angler sie erfolgreich efischen kann! Die Makrele kann an er Küste oder auf offener See*

efangen werden. Allerdings nähert sie sich der Küste eher an warmen Tagen und leibt im Winter weit von der Küste entfernt. Die schönsten Makrelen fängt man an eißen Sommertagen bei glatter Meeresoberfläche.

Das Spinnangeln

Es kann vom Ufer oder vom Boot aus praktiziert werden. Es eignet sich hierzu eine der üblichen Wurfruten, man sollte jedoch dünnes, sensibles Gerät bevorzugen, um den Drill dieses sich tapfer zur Wehr setzenden, kleinen Torpedos genießen zu können. Es bieten sich zum Beispiel speziell für das Angeln mit Wasserkugeln konzipierte Ruten an. Eine Stationärrolle für leichtes Spinnfischen, deren Spule mit 150 m einer 0,26 mm starken Schnur aufgefüllt ist, macht die Ausrüstung komplett.

Die Blinker

Alle glänzenden Muster mit silbernem Spinnerblatt wecken die Neugierde der Makrelen. Bewährte Klassiker sind Blinker der Flashmer Serie, des Typs Yann oder die Sea Fairy von JB.

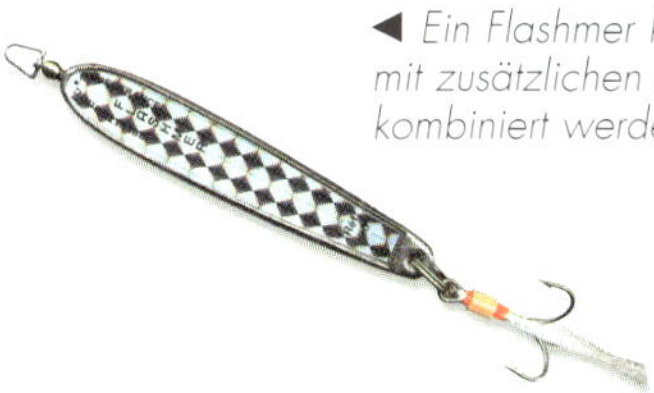

◄ *Ein Flashmer kann mit zusätzlichen Blinkern kombiniert werden.*

Die Angelpraxis

Bei Flut oder Ebbe, wenn bei völliger Windstille die Wasseroberfläche glatt ist, kann man jagende Makrelen beobachten, die durch Spritzwasser an der Oberfläche auffallen. Werfen Sie über diese Stellen aus, und beginnen Sie, inmitten des Fischschwarmes einzuholen, wobei Sie in den oberen Wasserschichten bleiben müssen. Fischen Sie mit einem Federsystem, d. h. mit mehreren Haken, dann müssen Sie unbedingt einen größeren Schnurdurchmesser wählen, denn vier oder fünf Makrelen können sich sehr vehement verteidigen.

◄ *Makrelen können den ganzen Sommer hindurch vom Ufer aus mit der Spinnrute befischt werden.*

Die Hegene

Mit dieser Technik kann man zahlreiche Fische gleichzeitig fangen, da an derselben Montage mehrere Haken zum Einsatz kommen. Die verwendeten Federn sind gelb, rot oder weiß gefärbt. Man kann zusätzlich eine kleine, fluoreszierende Perle an der Montage anbringen. Ebenfalls gut geeignet sind kleine Aale mit am Schwanz befestigten, glänzenden Fäden oder mehrere Weichplastikköder. Ein Spinner am unteren Ende der Montage erleichtert den Wurf.

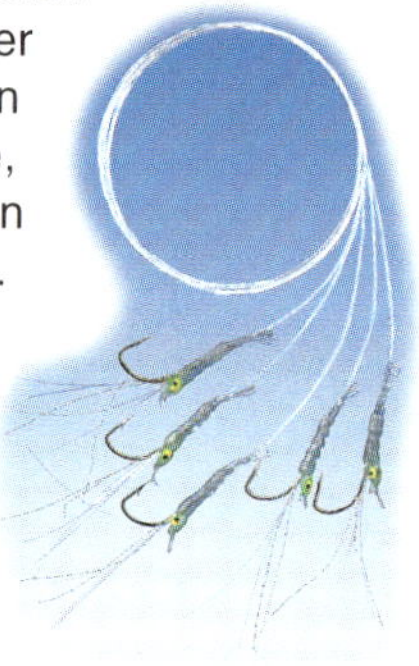

▲ *Hegene.*

Die Standplätze der Makrele an Küstengewässern

Makrelen auf der Suche nach Kleinheringen, Sprotten und Sandaalen findet man sehr häufig an Felsvorsprüngen und Hafendämmen, kurzum an den letzten Vorposten vor der offenen See. In manchen Fällen wagen sich die Makrelen auch in Lagunen, zum Beispiel im Becken von Arcachon, wo sich den ganzen Sommer über viele Schwärme von Makrelen tummeln, bevor sie im August bis September die Küstengewässer wieder verlassen.
Die günstigsten Fangzeiten liegen um die Gezeitenwechsel herum. Die Fische sind dank ihrer Verfolgungsjagden leicht unter der Oberfläche sichtbar.

Das Posenfischen

Diese Technik kann vom Ufer aus nur in der warmen Jahreszeit ausgeübt werden, wenn di Makrelen an der Küste auf Jagd sind. Man verwendet Gerät, bestehend aus einer beringte 4,50–5 m langen Teleskoprute, deren Spule mit 150 m einer 0,24 mm starken Schnur aufgefü ist. Angler, die den Nervenkitzel lieben, können eine Matchrute mit einer 0,20 mm starke Nylonschnur nehmen. Ein klassische Gleitpose oder eine englische Pose, die so eingestellt is daß der Köder in mittleren Wasserschichten treibt, komplettieren die Ausrüstung.

Die Köder

Die Makrele schätzt lebende, kleine Fische (Sprotten), Wattwürmer und besonders fetthaltige Fischfetzen von Hornhechten, Heringen und Sardinen – und sogar von eigenen Artgenossen, denn die Freßlust dieser Fischart kennt keine Grenzen!

▲ *Wattwürmer.*

Die Angelpraxis

Die Schnur muß auf natürliche Weise in der Ölspur des Köders auf die Makrelenschwärme zutreiben, die von dem Geruch des Köders angelockt werden. Der Biß kündigt sich durch ein abruptes Abziehen der Pose an, worauf man sofort anschlagen muß.

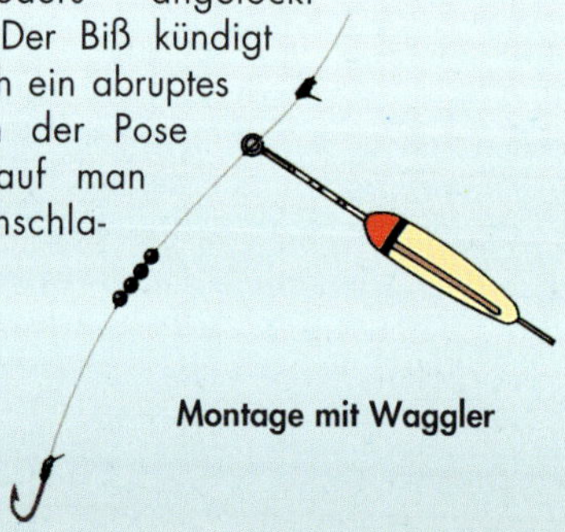

Montage mit Waggler

Das unverzichtbare Anfüttern

Als Basisfutter dient eine Mischung aus dem gemahlenen Fleisch der Sardine oder des Herings (die Makrele ist ebenfalls geeignet), zu der man etwas Öl (aus Fischleber) und Erdnußmehl hinzufügt, um das Ganze zu parfümieren und zusammenzuhalten. Die Futterkugel erhält somit die nötige Konsistenz, um geworfen zu werden. Viele Experten fügen diesem Futter noch etwas trockenes Brot hinzu.

Das Schleppfischen

Diese Technik eignet sich zur sehr wirksamen Erkundung von Makrelen auf offener See, wenn sie dort in großen Schwärmen auf der Suche nach Sprotten und anderen kleinen Beutefischen 1–5 m unter der Oberfläche patrouillieren. Mit dem Boot kann man große Flächen in kurzer Zeit absuchen. Die jagenden Fische können leicht anhand von Wasserspritzern und Strudeln ausgemacht werden, welche die Anwesenheit der nach Nahrung suchenden Raubfische signalisieren. Auch kündigen in der Ferne Seeschwalben, die nach Sprotten und anderen kleinen Fischen Ausschau halten, die im allgemeinen nicht weit davon entfernten Makrelen an!

Die Hegene

Dieses Ködersystem, dessen moderne Varianten von höchster Qualität sind, wurde ursprünglich eigens für Makrelen entwickelt.

Heute kann man mit den zahlreichen, im Handel angebotenen Varianten die meisten kleinen Meeresraubfische fangen.

◀ ▶ *Farbige Federsysteme.*

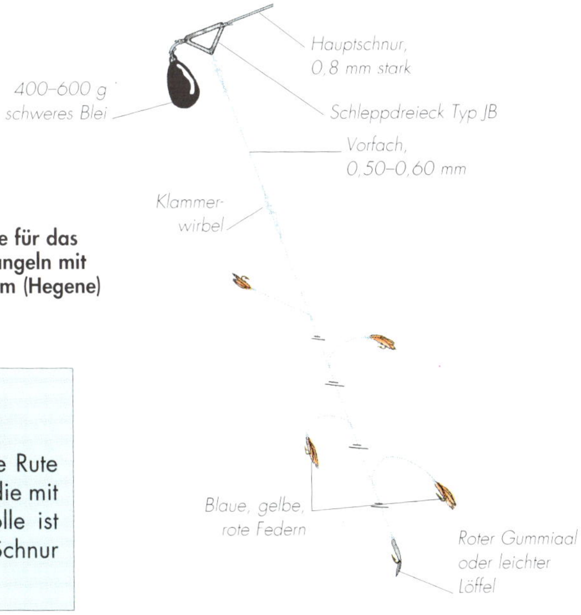

Montage für das Schleppangeln mit Federsystem (Hegene)

Das Gerät

Ein einfacher Wickelrahmen oder eine Rute für das Schleppfischen vom Boot aus, die mit einer Multirolle bestückt ist. Diese Rolle ist mit einer 0,50–0,80 mm starken Schnur gefüllt.

Die Angelpraxis

Sobald Sie die Fische geortet haben, umfahren Sie die raubenden Fische im Halbkreis, so daß die Köder mitten durch den Schwarm laufen. Sie dürfen auf keinen Fall quer hindurchfahren. Die Schnur wird dann mit einer Geschwindigkeit zwischen 2 und 5 Knoten vom Boot gezogen.

◀ *Die Makrele ist ein gefährlicher Gegner, der sehr gut auf eine Schleppmontage beißt.*

Der Dorsch

Dieser Fisch hat der Familie der Dorschartigen seinen Namen gegeben und ist der größte Vertreter seiner Gattung. **Der Dorsch (Gadus morhua)** *kann eine Länge von 1,60–1,80 m bei einem Gewicht von 40 kg erreichen. Er ist auf offener See einer der am meisten mit dem Schleppnetz gefangenen Dorschartigen. Dennoch können auch Küstenangler im Winter Dorsche fangen, wenn diese sich der Küste nähern. Der Dorsch besitzt am Unterkiefer einen charakteristischen Bartfaden, und sein dunkel getupfeltes Schuppenkleid schimmert kupferfarbig. Er ist ein manchmal in sehr großen Rudeln auftretender Raubfisch und sucht vor allem sandige Gründe auf. Man kann ihn an der Nordseeküste fangen, allerdings nur im Winter. An der Ostsee eignen sich fast alle Stellen zum Brandungsangeln.*

Das Heben und Senken

Man kann wie die Norweger das Heben und Senken vom driftenden Boot aus praktizieren. Dafür genügt eine einfache Spinnrute, deren Rolle mit 200 m einer 0,60 mm starken Schnur aufgefüllt ist. Die Skandinavier haben spezielle Pilker für den Dorschfang entwickelt.

Die Montage mit beidseitigem Vorfach

Dieser besondere Montagetyp eignet sich speziell für den Dorschfang vom driftenden Boot. Man weiß bis heute nicht, weshalb diese Montage im Gegensatz zu den mehr klas-

ɜischen wirksamer ist. Sie besteht aus einem Stahldraht, an dem in der Mitte ein Bleigewicht ɔefestigt und an beiden Enden jeweils ein 20–30 cm langes Vorfach angebracht ist, die mit einem Haken Gr. 2 versehen sind. Für die sich heftig zur Wehr setzenden, oft sehr großen Dorsche müssen die Vorfächer mindestens 0,50 mm dick sein.

Die Köder

Der gierige Dorsch frißt alles, von ‹leinen Fischen über Krebse, Krabben ɹnd Sepias bis zu Tintenfischen. Er ɔaßt sich bei der Nahrungssuche dem ‹orhandenen Angebot an und frißt ɪuch Würmer und andere ‹irbellose Tiere, soweit sie von ɖer Größe her geeignet sind.

Ein kleiner, auf einen Haken Gr. 2 gezogener Kopffüßer. ▶

Wishbonemontage mit einem Butterkrebs

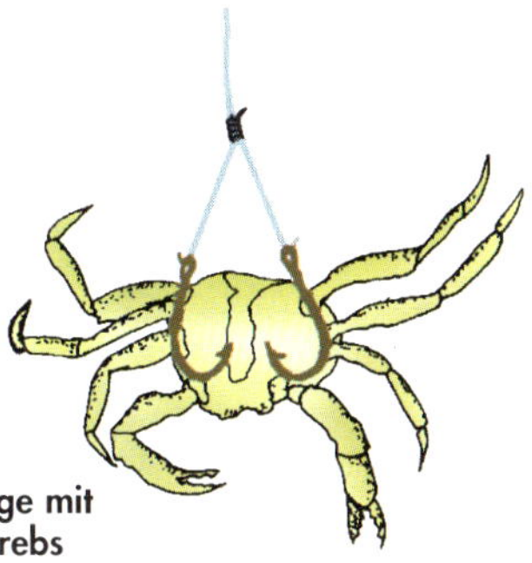

▲ Die Haken werden an drei Füßen eingestochen und die Spitzen am Rücken herausgezogen.

Einfache Montage mit einem Butterkrebs

◀ Es werden vier Bänder beidseitig durch den Bauch gezogen.

Die Löffelpilker

Für den Dorsch eignet sich ein großer, mindestens 100 g schwerer Pilker, der, geschickt angeboten, im Wasser funkelt und einen kleinen Fisch im Todeskampf imitiert. Im Handel sind hervorragend arbeitende Pilker erhältlich, wenngleich sie ursprünglich für das Schleppfischen konzipiert wurden: große Flashmer, Yann, Yann Lite und andere vom Typ Snack.

Klassische Pilker für das Heben und Senken. ▲ ▶

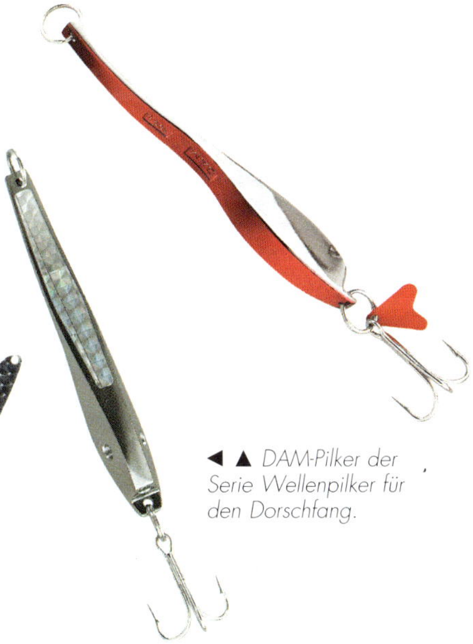

◀ ▲ DAM-Pilker der Serie Wellenpilker für den Dorschfang.

Eine schöne Liebesgeschichte

Der Hund ist des Menschen Freund. Diese Feststellung in einem Angelbuch mag überraschen, und dennoch spielten Hunde für Angler eine besondere, lebensrettende Rolle. Mensch und Hund bildeten im Laufe der Geschichte ein enges Gespann, insbesondere unter den letzten großen Abenteurern unseres Jahrhunderts, darunter die Dorschangler vor der Küste Neufundlands. Diese den Launen des Wetters erbarmungslos ausgesetzten Seeleute, deren Schiffe bei stürmischer See ausliefen, befanden sich, so das Unglück es wollte, in oft lebensgefährlichen Situationen, aus denen sie nur ein außergewöhnlich kräftiger Hund retten konnte: der Neufundländer. Ein Hund, dessen ursprüngliche Bestimmung darin bestand, Meeresfischer, die Opfer ihres Handwerks geworden waren, aus der vom Sturm aufgewühlten See zu retten. Heute erfüllt diese Hunderasse andere nützliche Aufgaben: Der Lebensretter der Seeleute dient als Blinden- und Lawinenhund.

Der Meeraal

***Der Meeraal oder Conger (Conger conger)**, der mehr als 25 kg wiegen kann, ist einer der prächtigsten Gegner, mit denen der Meeresfischer sich messen kann. Mit seinem geschlängelten, von winzigen Schuppen mit einer Schleimhaut überzogenen Körper sieht er einem großen Aal zum Verwechseln ähnlich. Sein dunkelgraues Kleid kann bei bestimmten Individuen so hell sein, daß man sie als Albinos bezeichnen könnte. Seine sehr starken Kiefer können schreckliche Bißwunden verursachen. Er lebt hauptsächlich in Gesteinsspalten, die ihm als Unterstand dienen. Man trifft ihn auch in großer Zahl in Wracks an. Der Meeraal ist ein aktiver Raubfisch, der zur Gefräßigkeit neigt. Aus diesem Grunde ist er eine verhältnismäßig leichte Beute und ein idealer Fisch für den Anfänger, der an ihm seine Fangtechnik in Küstengewässern verbessern kann.*

Das Grundangeln

Das Grundangeln ist sicherlich die beste Technik, um sehr große Fische zu fangen. Der gegenwärtige Rekord liegt bei 100 kg. Mit dem Boot kann man die Fische zwischen Wracks beangeln, wohin diese Fischart gern Zuflucht nimmt, denn sie schätzt neben Felsspalten vor allem auch dunkle Unterstände.

Die Montage mit Gleithülse

Dies Montage ist eine der am meisten verwendeten und interessantesten, da das Bleigewicht an einem Seitenarm mit Sollbruchstelle befestigt ist. Letztere Vorsichtsmaßnahme erweist sich an hindernisreichen Gründen sehr nützlich, wo die Meeraale sich bevorzugt aufhalten. Man muß unbedingt ein Stahlvorfach benutzen, da die kräftigen Kiefer des Meeraals sehr scharfe Zähne besitzen. Es sollte 0,80–1 m lang sein. Dieses Gerät ist um so mehr erforderlich, da der einmal angehauene Meeraal sich in einen felsigen Hohlraum zurückziehen kann, dessen Kanten scharf wie ein Rasiermesser sind. Ein robuster Wirbelhaken Gr. 4/0 komplettiert das Gerät. Auf den Haken zieht man einen Streifen eines Tintenfisches. Ebenfalls geeignet sind fetthaltige Fischfetzen (z. B. einer Sardine

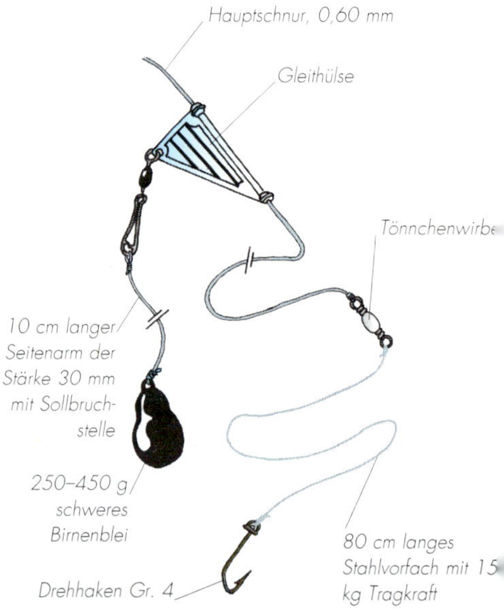

der einer Makrele). Die Beschwerung richtet ich nach der Tiefe und natürlich einer ventuell vorhandenen starken Strömung. Im llgemeinen eignen sich 500–1000 g schwere leigewichte.

Das Gerät

Der beißende Meeraal muß unbedingt mit aller Kraft angehauen und anschließend sehr schnell hochgezogen werden, so daß er regelrecht in die Höhe schießt. Der überraschte Meeraal wird sich dadurch nicht in seinen Unterstand flüchten können. Diese Technik erfordert sehr starkes Gerät: eine 2 m lange Bootsrute mit Rollerendring und eine mit Nylonschnur (0,80 mm) aufgefüllte Multirolle.

Eine robuste Nylonschnur der Stärke 0,60–0,80 mm kann einen davonziehenden starken Meeraal bezwingen. ▶

Die Angelpraxis

Sie dürfen nicht übereilt anhauen. Trotz seiner Gefräßigkeit kann sich der Meeraal sehr mißtrauisch zeigen und nur widerwillig den Köder verschlingen: Er kaut lange daran und spuckt den Köder wieder aus, bevor er ihn schließlich verschlingt, vorausgesetzt, er hat nichts Verdächtiges gewittert. All diese Tricks machen sich durch schwache Züge an der Schnur und leichte Zuckungen der Rutenspitze bemerkbar, bis der Meeraal auf einmal davonprischt. Und dann müssen Sie sehr kräftig anschlagen. Der heftige Kampf endet mit dem Gaffen des Fisches, dann können Sie ihn ins Boot heben. Das sollte sofort geschehen, sonst können sehr schmerzhafte Verletzungen entstehen.

Das Brandungs- oder Grundangeln an der Küste

An der Küste kann man auch viele, allerdings kleinere Meeraale fangen. Man findet sie entlang felsiger, stark zerklüfteter Küstenstreifen, aber auch an Hafenbefestigungen. Ein an einer seichten Stelle in Küstennähe liegendes Schiffswrack ist ebenfalls ein günstiger Standplatz.

Die Montagen

Die Montagen richten sich nach dem Mißtrauen der Fische sowie dem Grad der Verkrautung der Gewässer. Die klassische Montage besteht aus einem Drei-Wege-Wirbel, an dem ein Seitenvorfach mit Sollbruchstelle befestigt ist, das wiederum das Bleigewicht trägt. Eine andere, subtilere Montage, bei welcher der Fisch das träge Gewicht weniger spürt, besteht aus einer beschwerten Gleithülse, die auf der Hauptschnur gleitet.

Montage für das Grundangeln von Meeraalen an der Küste

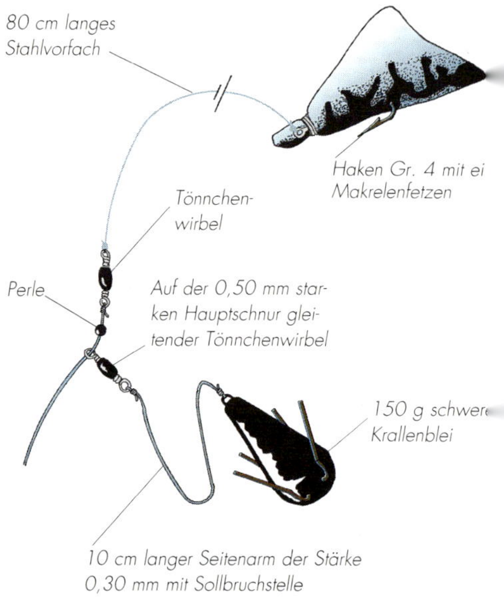

DIE ANGELPRAXIS

Hier kommen Nachtschwärmer auf ihre Kosten! Der eher nachtaktive Meeraal wird in den Dämmerungsstunden oder der Nacht befischt. Die Leine wirft man nahe der vermuteten Unterstände, und dann beginnt das Warten, das sich bis weit in die Nacht hinziehen kann.

Montage für das Brandungsangeln von Meeraalen
Damit kann ein Meeraal angelockt werden, jedoch muß man darauf achten, daß die Montage sich nicht verwickelt.

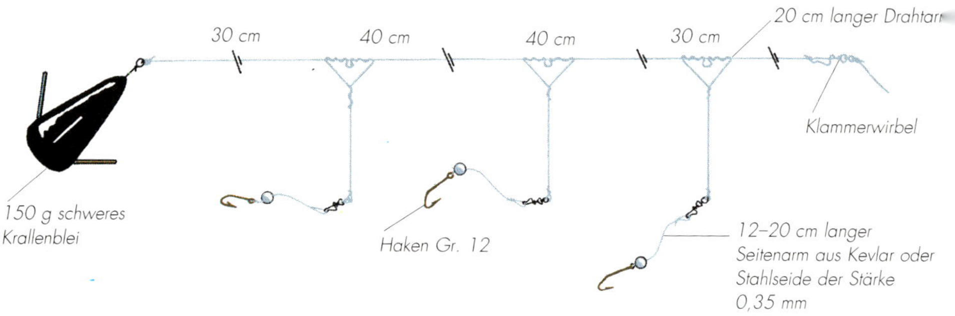

DAS GERÄT

Ideal ist eine mindestens 3 m lange, kräftige Wurfrute oder eine Brandungsrute mit mittelschwerer bis schwerer Stationärrolle, deren Spule mit 200 m einer 0,60 mm starken Schnur aufgefüllt ist. Je nach Beschaffenheit des Grundes bieten sich verschiedene Bleitypen an.

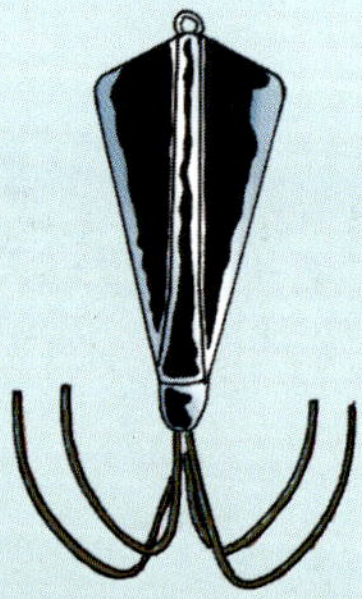

▲ Krallenbleie mit Flügeln können die Wurfweite erhöhen.

Ein Uhrblei mit Öse für flache Gründe mit schwacher Strömung. ▼

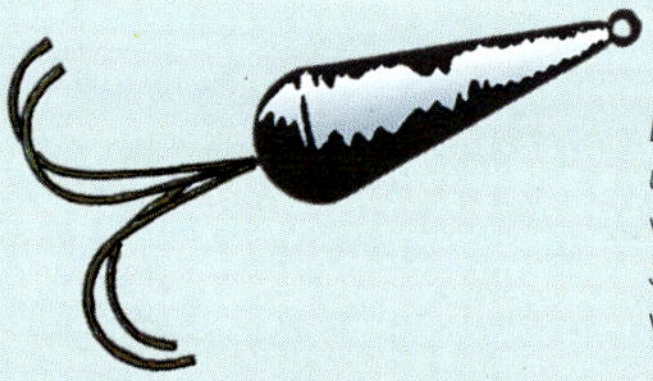

▲ Ein klassisches Krallenblei für das Brandungsfischen an wellenreichen Sandküsten.

Das Sternblei ist unbestritten das vielseitigste, in allen Situationen verwendbare Blei. ▼

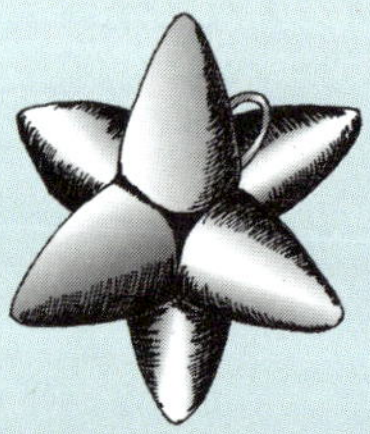

Der Adlerfisch

Der Adlerfisch (Argyrosomus regius) *ist ein großer Sportfisch, sicherlich einer der prächtigsten Gegner. Man fängt ihn mit der Technik des Brandungsangelns. In den Gewässern Südmarokkos kann er das Rekordgewicht von 90 kg erreichen. Den massigen und zugleich eleganten Adlerfisch mit seinem schönen, silbernen, mit Kupfertönen durchsetzten Schuppenkleid findet man in Frankreich hauptsächlich an sandigen Küsten des Atlantiks auf der Höhe von Bordeaux bis zur Vendée, wo er nach mehreren Jahren Abwesenheit wieder vermehrt auftritt. Er kann mit dem Wolfsbarsch verwechselt werden, von dem er sich durch seine Ausmaße, aber auch seine zwei Rückenflossen unterscheidet: Die zweite ist wesentlich länger.*

Das Brandungsangeln

Das Brandungsangeln ist die beste Technik, um den Adlerfisch in parallel zur Küste verlaufenden Vertiefungen hinter Wellen aufzuspüren, wo der Fisch sich häufig aufhält. Der Adlerfisch ist vor allem während des Gezeitenwechsels aktiv und beißfreudig, insbesondere in der Nacht, am frühen Morgen oder Abend. Der Sommer ist die beste Fangzeit für diesen prächtigen Gegner, der sich dann zur Küste begibt, um in der Brandung nach Nahrung zu suchen.

Ein sandig-felsiger Strand

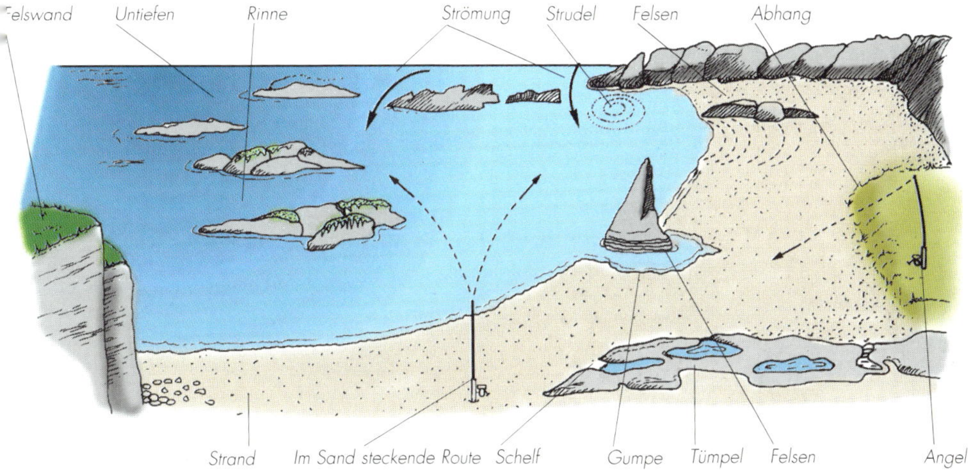

Die Montagen

Die beste Methode zur Überlistung des Adlerfisches scheint die Verwendung einer Montage mit überlangen Seitenarmen zu sein. Sie besteht aus zwei oder drei Seitenarmen, von denen der unterste, oberhalb des Bleis befestigte, weit über das Vorfach hinaus reicht. Letzteres ist Teil der Beschwerung. Man kann sich übrigens nur mit diesem Vorfach begnügen, denn die Verwendung mehrerer Seitenarme hat den ausschließlichen Zweck, verschiedene Köder gleichzeitig anzubieten. Die Montage mit drei Seitenarmen ist traditionell mit einem Bündel frischer Seeringel- oder Wattwürmer, einem Fischfetzen (Makrele oder Sardine) oder einem Stück Tintenfisch bestückt.

Klassische Montage mit überlangen Vorfächern

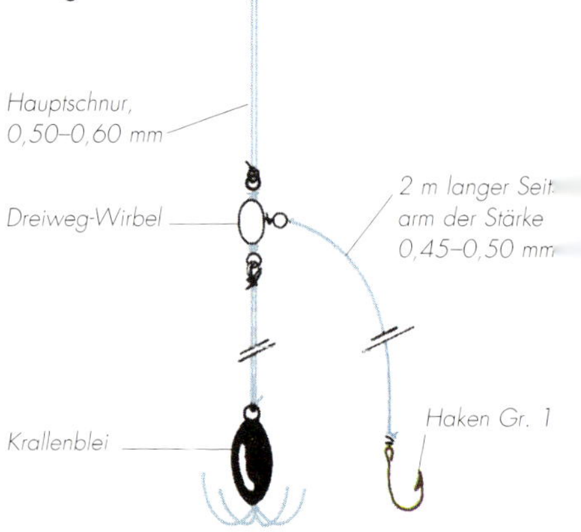

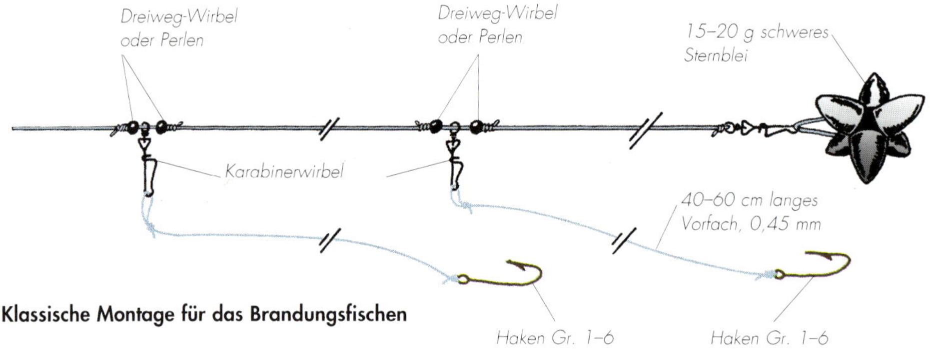

Klassische Montage für das Brandungsfischen

Die Angelpraxis

Eine der Hauptschwierigkeiten dieser Angelmethode ist die Wurftechnik, die Wurfweiten von mindestens 150 m erfordert, um die günstigsten Fangplätze zu erreichen. Weniger geübte Angler sollten sich möglichst weit ins Meer hinaus wagen, wobei sie sich vor dem Seegang in acht nehmen müssen, der sie in die offene See hinaus treiben kann. Die Ruten sollten Sie auf ein Gestell legen, damit Sie in Ruhe auf den Biß warten können. Dieser kündigt sich durch abrupte Zuckungen der Rutenspitze an, gefolgt von einem Davonpreschen des Fisches auf die offene See. Die Rolle muß natürlich leicht genug eingestellt sein, um einen Rutenbruch beim Davonpreschen zu verhindern, aber auch um zu vermeiden, daß der Adlerfisch die Rute von ihrem Gestell wegreißt und mit sich zieht. Der Drill, dessen Ausgang mit einem derart kräftigen Fisch immer ungewiß ist, erfordert ein Mindestmaß an Vorsichtsmaßnahmen: Sie müssen die Schnur bis zur Grenze des Rutenbruchs halten, damit der Fisch sie nicht völlig abrollt. Machen Sie sich auch immer auf einen letzten, verzweifelten Ausreißer gefaßt, wenn der Fisch sich geschlagen zu geben scheint. Allerdings ist man dagegen hilflos, wenn in genau diesem Moment die Bremse blockiert ist. Eine gute Methode ist das Befischen bei einsetzender Flut, wobei man sich mit steigendem Wasserstand der Küste nähert. Auf diese Weise können Sie noch ungefähr zwei Stunden nach dem Höchststand Fische fangen.

◀ *Der Fang des Adlerfisches mit der Technik des Brandungsangelns erfordert eine kräftige Rute.*

Brandungsangeln an einem großen Sandstrand. ▶

Der Umber

Auch der kleinere **Umber (Umbrina cirrosa)** *– er ist selten schwerer als 8–10 kg – kann mit der Technik des Brandungsangelns gefangen werden. Sein wunderschön glitzerndes, stahlgraues Schuppenkleid besitzt eine Musterung aus schräg, unregelmäßig angeordneten, gelblich gefärbten Bändern. Der an sandigen Gründen lebende Umber wagt sich in der Dämmerung auch an seichte Stellen in Strandnähe. Die schönsten Fische kann man daher in mondlosen Nächten bei trüber Witterung fangen. Er besiedelt warme Gewässer, beispielsweise die südliche Atlantikküste Frankreichs. Am ehesten jedoch findet man ihn an den weiten Stränden im Osten Korsikas, insbesondere im Mündungsbereich kleiner Küstenflüsse und an den Ausgängen von Lagunen.*

Das Brandungsangeln

Der Umber wird ähnlich wie der Adlerfisch gefangen, erfordert jedoch aufgrund seiner kleineren Körpermaße weniger starkes Gerät.

Die Montage

Die Montage besteht aus Seitenarmen mit jeweils einem Haken Gr. 1. Als Gewicht dient ein Uhr-, Stern- oder Krallenblei.

Montage mit Seitenarm

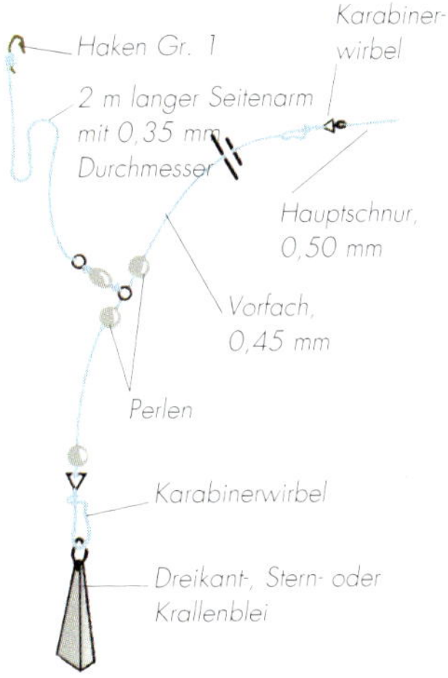

Die Köder

Es eignen sich kleine und größere Seeringelwürmer. Man kann auch in Streifen geschnittene Kopffüßer oder fetthaltige Fischfilets anbieten.

Das Gerät und die Angelpraxis

Das Gerät umfaßt eine klassische 4,50 m lange Brandungsrute mit einer Tragkraft von 100–150 g und eine Rolle, deren Spule mit 200 m einer 0,40 mm starken Schnur aufgefüllt ist. Der Umber nähert sich der Küste nur nach Einbruch der Dunkelheit. Man fängt ihn am besten in der Nacht. Die Fische wandern in kleinen Schwärmen umher und durchwühlen auf der Suche nach Nahrung den sandigen Grund. Dieses ruhelose Umherwandern in unterschiedlich großem Umkreis erfordert von Zeit zu Zeit einen Positionswechsel, um die Standplätze der Umber exakt zu lokalisieren. Wenngleich der Fisch sich nicht gerade aufsehenerregend verteidigt, ist er dennoch ein sehr schmackhafter Speisefisch.

Die Rolle und auch die Rute müssen sehr robust sein. ▼

Die Meerbrasse

Sie ist wegen ihrer Kampflust und ihres köstlich schmeckenden Fleisches einer der am meisten beangelten Küstenfische. ***Die Meerbrasse (Sparus aurata)*** *erkennt man an ihrem hohen Kopf, der goldgelben Marke zwischen den Augen und den schwarzen Flecken am Rücken und hinter den Kiemendeckeln.*

Man findet die Meerbrasse auf der Suche nach Nahrung normalerweise in der Nähe von Muschel- und Austernbänken. Sie scheint besonders sandige, ein Bett bildende, zwischen Felsen gelegene Flächen zu lieben, wo viele Muscheln vorkommen. Man kann sie aber auch in der unmittelbaren Umgebung von Hafenbefestigungen befischen. Die Dämmerung und die Nacht scheinen die erfahrungsgemäß günstigsten Fangzeiten zu sein.

Die Stipprute

Der Fang von kleinen Meerbrassen mit der Stipprute ist sehr vergnüglich, denn man kann zur Migrationszeit dieser Fische überaus viele davon fangen. Außerdem bereitet der Fang einer 500 g schweren, kleinen Meerbrasse mit dünnem, elastischem Gerät eine Menge Nervenkitzel.

Die Montagen

Für das Matchangeln eignet sich eine klassische Montage mit Waggler. Man kann aber auch sehr gut einen herkömmlichen, auf einer 0,24 mm starken Schnur gleitenden, gedrungenen Schwimmer verwenden. Ein kleines Olivenblei wird von einem kleinen Wirbel arretiert, an dem eine 0,22 mm starke Hauptschnur mit einem spitzen Haken Gr. 4–6 befestigt ist.

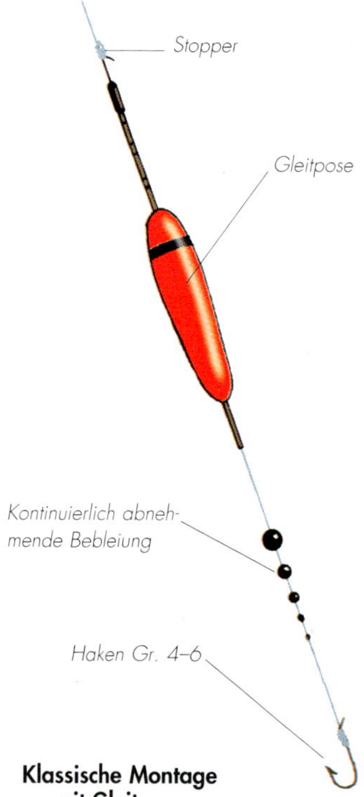

Klassische Montage mit Gleitpose

Das Gerät

Eine 3,90 m lange Matchrute eignet sich ausgezeichnet für einen Kampf mit der Meerbrasse. Mit einer zuverlässigen Rolle ausgestattet, deren Spule mit 200 m einer 0,24 mm starken Schnur aufgefüllt ist, ermöglicht sie zudem eine hervorragende Kontrolle der Abdrift. Schließlich sollte man immer sehr robuste Haken verwenden, denn die großen Mahlzähne der Meerbrasse können diese leicht zerdrücken.

▲ Muscheln sind hervorragende Köder für die Meerbrasse und hängen stabil am Haken.

Die Angelpraxis

Lassen Sie die Montage stromab treiben, wobei die Pose so eingestellt ist, daß der Köder unmittelbar über dem Grund treibt. Beim Biß müssen Sie wegen des starken Fischmaules kräftig anschlagen.

Die Köder

Als Köder eignen sich Muschelfleisch (von sehr kleinen Muscheln), ein Watt- oder Seeringelwurm.

Das Zupffischen

Diese Technik ist in den küstennahen Kanälen rund um das Mittelmeer sehr verbreitet. Die beschwerte, auf den Grund gelegte Schnur treibt langsam in den Schlick ab, so daß das Blei den Schlamm leicht aufwirbelt und auf diese Weise die Fische anlockt.

Die Köder

Als Köder dienen Muschelfleisch, Watt- oder Seeringelwürmer.

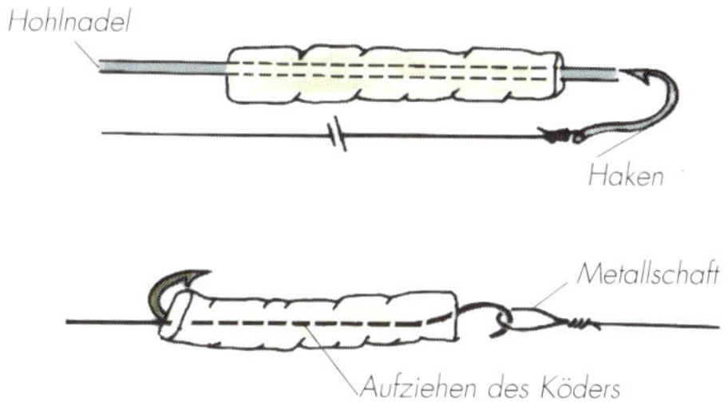

Muschelfleisch, das mit Hilfe einer Ködernadel auf den Haken gezogen wird

Die Montage

Die einfache Montage ähnelt der für den Zanderfang, ist jedoch stärker. Sie besteht aus einem mindestens 50 g schweren Olivenblei, das von einem Wirbel arretiert wird, der mit einem 60–100 cm langen Vorfach verbunden ist, an welchem ein sehr spitzer Haken Gr. 1 befestigt ist.

Das Gerät

Man benötigt starkes Gerät, da man es mit großen Fischen zu tun hat. Man verwendet eine 3,90 m lange Rute mit Wasserkugel und eine stabile Rolle, deren Spule mit 200 m einer 0,35–0,40 mm starken Schnur aufgefüllt ist.

Die Angelpraxis

Der Wurf erfolgt möglichst weit, quer über die Wasserfläche. Auch in sehr kleinen Strömungen treiben die Köder langsam im Halbkreis auf den Grund zu. Achten Sie auf jede anormale Empfindung (Stoppen der Abdrift, leichter Zug an der Schnur); sie kann den Biß bedeuten. Die Sichtprüfung ist ebenso wichtig wie das Halten der Schnur zwischen Daumen und Zeigefinger. Sie können die Lockwirkung des Köders erhöhen, indem Sie wiederholt kurz an der Schnur ziehen, wieder etwas Schnur geben und den Köder beschleunigt und kurz einholen. Lassen Sie der Meerbrasse Zeit, den Köder ganz zu verschlingen, bevor Sie kräftig und weit anschlagen.

Brandungsangeln

Die größte Schwierigkeit dieser Fangmethode liegt in der Ortung der Standplätze der Fische, da diese ständig rastlos umherwandern. Aus diesem Grunde ist das Befischen der Meerbrasse im Mittelmeer einfacher, wo der Fisch zwar auch nicht länger an einem festen Standplatz verweilt, aber man eher die von ihm benutzten Passagen kennt.

Die Montagen

Für das Brandungsfischen auf die sehr mißtrauische Meerbrasse eignet sich am besten eine 2 m lange Montage für das Schleppfischen. Eine Gleithülse, an welcher das Blei über einen Seitenarm mit Sollbruchstelle befestigt ist, macht die Montage unauffälliger. Am Vorfach ist ein Haken Gr. 1–2 angebracht.

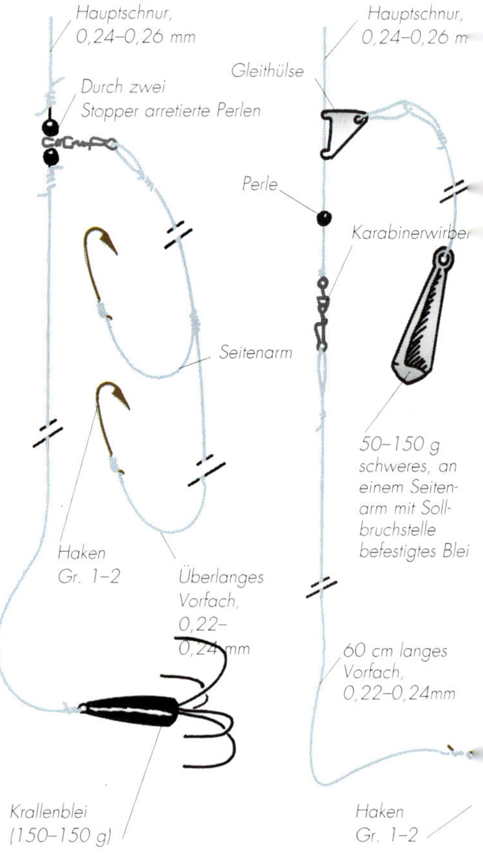

Montagen für das Schleppfischen

Die Köder

Die Köder sind identisch mit den zuvor beschriebenen. Sie sollten jedoch für die großen Wurfweiten ziemlich robust sein, wie beispielsweise das mit der Nadel aufgezogene Muschelfleisch, das dadurch stabiler am Haken hängt.

Das Gerät

Es empfiehlt sich die Verwendung von klassischem Gerät, bestehend aus einer 4–4,50 m langen Brandungsrute mit Stationärrolle, deren Spule mit 200 m einer 0,40 mm starken Schnur aufgefüllt ist.

Die Angelpraxis

Achten Sie darauf, daß die Meerbrasse den Köder ganz erfaßt hat, bevor Sie anschlagen. Wie beim Befischen anderer kräftiger Kampffische, beispielsweise eines Adlerfisches oder Rochens, sollten Sie die Rute ständig im Auge behalten. Beißt nämlich ein Fisch in einem Moment der Abwesenheit an, kann die Rute von dem davonziehenden Fisch mit ins Meer gerissen werden.

Die Graue Meerbrasse

Die Graue Meerbrasse (Spondyliosoma cantharus), *ein Allesfresser, kommt in Rudeln an felsigen Gründen nahe der Küste vor. Sie sucht allerdings gerne mit Pflanzen bewachsene Zonen, kleine Buchten, Felsklippen und Hafenbefestigungen auf. Wie die meisten Küstenfische beißt sie bevorzugt während der Flut, vor allem in den ersten zwei, drei Stunden an. Die prächtigsten Fische kann man im Sommer fangen, wenn die Meerbrassen sich an der Küste sammeln.*

Das Brandungsangeln

Für das Brandungsfischen verwendet man nach altem Gebrauch eine 3,50–5 m lange Brandungsrute mittlerer Tragkraft (150–200 g). Hinzukommt eine stabile Stationärrolle, deren Spule mit 150–200 m einer 0,35 mm starken Schnur aufgefüllt ist.

Die Köder

Die Graue Meerbrasse beißt auf die meisten tierischen Köder, wie die Krabbe, den kleinen Sandaal, den Seeringelwurm, die Muschel oder den Butterkrebs an. Sie schätzt besonders Mies- und Herzmuschelfleisch.

Die Angelpraxis

Der Biß macht sich durch gut wahrnehmbare, kleine Zuckungen der Rutenspitze bemerkbar, gefolgt von einem Davonpreschen des Fisches. In diesem Moment muß man sofort kräftig anschlagen.

Das Posenangeln

Zur Ausübung dieser Technik genügt einfaches Gerät: eine 5 m lange, beringte Teleskoprute mit Rolle, deren Spule mit 150 m einer 0,26 mm starken Schnur aufgefüllt ist.

Anfüttern ist unverzichtbar

Man muß unbedingt anfüttern, um ein Rudel Meerbrassen an einer Angelstelle zu halten. Ein gutes Futterrezept setzt sich aus zermahlenen Miesmuscheln (oder Herzmuscheln) zusammen, die mit Seeringelwürmern und Erdnußmehl vermischt sind.

Die Montage

Sie besteht aus einer 0,26 mm starken Schnur, auf der ein Schwimmer (25 mm) gleitet, einem kleinen Olivenblei und einem Wirbel. Das Vorfach ist 20 cm lang und 0,24 mm stark.

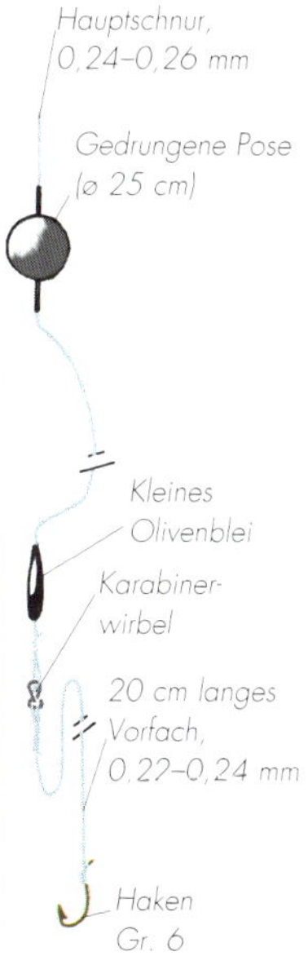

Die Angelpraxis

Beißen die Fische trotz regelmäßigen Anfütterns nicht an, müssen Sie unbedingt die Position der Pose verändern, um unterschiedliche Tiefen erkunden zu können. Der geradeheraus erfolgende Biß (die Pose taucht unter) erfordert einen kräftigen Anhieb, damit der Haken in das harte Maul des Fisches eindringt. Dieser wird sich heftig wehren, indem er den Kopf zur Seite ausschlägt, um sich zu befreien.

Weitere Brassenarten

Die Schwarzköpfige Meerbrasse (Diplodus vulgaris) *ist im Atlantik am Golf von Biskaya, in Senegal und vor allem an der Mittelmeerküste heimisch. Ihre silbrig glänzenden Flanken besitzen 14–16 Längsstreifen. Man erkennt sie vor allem an der dunklen Marke vor dem Nacken und dem schwarzen, vor dem Schwanzstiel gelegenen Ring. Sie wird kaum länger als 30 cm und tritt in kleinen Rudeln an felsigen Gründen auf.*

Die Bindenbrasse (Diplodus sargus) *besitzt ohne Zweifel das eintönigste Schuppenkleid der Brassenfamilie: Die Flanken sind gleichförmig grau-silbern gefärbt, weisen aber 14–16 deutliche Streifen auf. Ein Identifizierungsmerkmal ist ein die Basis des Schwanzstiel umgebender schwarzer Ring.*

Die Spitzkopfbrasse (Diplodus puntazzo) *ist die am meisten verstreute Art der Familie. Am Atlantik kommt sie von Südafrika bis zum Golf von Biskaya vor. Man findet sie auch im'Mittelmeer und im Schwarzen Meer. Wie der Name schon andeutet, ist sie an dem schmalen, nach vorne spitz zulaufenden Kopf erkennbar. Auch sie besitzt einen ringförmigen Fleck, und ihre Flanken weisen sechs oder sieben Bänder auf.*

Die Dicklippbrasse (Diplodus cervinus) *ist wahrscheinlich wegen ihrer Größe – sie kann 50–60 cm lang werden – einer der meist beangelten Meeresfische. Wie alle Brassen besitzt sie einen hochrückigen, seitlich eingedrückten Körper. Ihre Seitenlinien weisen fünf dunkle, vertikal angeordnete Bänder auf.*

DAS POSENANGELN

Im Unterschied zu den kleinen und mittelgroßen Meerbrassen, die verhältnismäßig leicht gefangen werden können, sind die großen Fische außergewöhnlich scheu und erfordern eine andere, weitaus vorsichtigere Vorgehensweise. Beim Fang von Meerbrassen muß man einige, feste Regeln unbedingt einhalten. Zunächst sollte man sie entlang felsiger Steilhänge, die 3–20 m ins Wasser reichen können, suchen. Rudel von Meerbrassen patrouillieren auch gerne entlang von Befestigungsanlagen. Die größten Exemplare sind eher in der Nacht aktiv. Wer also auf einen rekordverdächtigen Fisch aus ist, muß seine Schlafgewohnheiten entsprechend ändern! Man kann aber auch schöne Meerbrassen am Tage an felsigen, seichten Gründen fangen, die zur offenen See hinaus gelegen sind. Da die Fischrudel eher ruhelos umherwandern, muß man in regelmäßigen Abständen anfüttern.

Das Geheimnis des richtigen Anfütterns

Das klassische Futter für Meerbrassen besteht aus zermahlenen, frischen Sardinenstreifen. Dazu gibt man Erdnußmehl und Sand zur Beschwerung.

Man kann auch traditionelles Makrelenfutter wie Käse oder Teig hinzufügen, auf das die Meerbrassen erfahrungsgemäß ebenfalls ganz versessen sind.

Die Montage

Die Montage besteht aus einer rundlichen oder gedrungenen Pose, die auf der Hauptschnur (0,22 mm) gleitet. An dem 20 cm langen Vorfach der Stärke 0,20 mm ist ein spitzer einfacher Haken Gr. 4–6 befestigt. Als Beschwerung dienen verteilt angebrachte Bleigewichte. Für das Nachtfischen sind eine Leuchtpose oder ein mit einer phosphoreszierenden Antenne versehener Schwimmer unentbehrlich, zumal auf den Biß sofort angehauen werden muß!

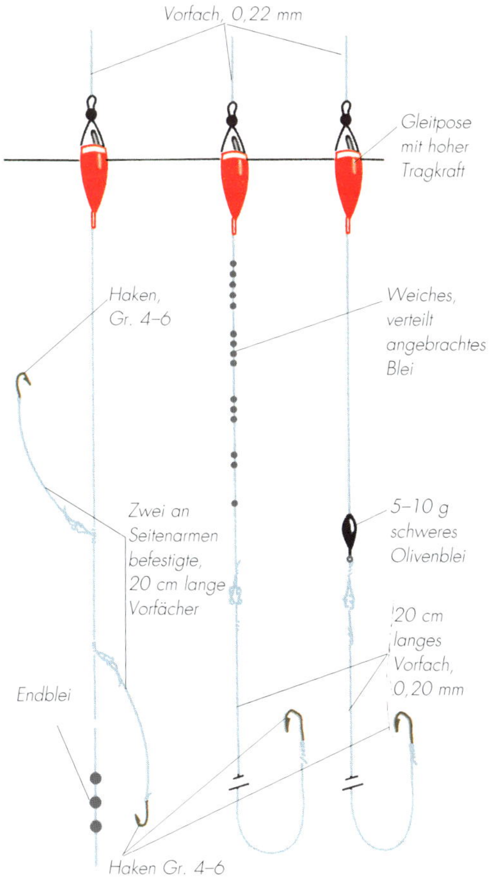

Die Köder

Als Köder eignen sich alle Meeresköder, wie Fischfetzen, Würmer oder Muscheln. Der Wattwurm, der Ringelwurm und die lebende oder geschälte Krabbe sind ausgezeichnete Lockköder.

DIE ANGELPRAXIS

An der Mittelmeerküste sind kleine, von der Brandung umspülte Buchten ausgezeichnete Angelstellen. Die Pose muß so eingestellt sein, daß zur Erkundung vor felsigen Steilhängen der Köder unmittelbar über dem Grund treibt. Die Dicklippbrassen werden regelmäßig Opfer dieser Technik. Der Biß wird durch ein schnelles Absinken der Pose gemeldet. Daraufhin muß man sofort anschlagen.

Zahnbrasse

Dieser wilde Raubfisch gilt am Mittelmehr, besonders auf Korsika, als der Sportfisch schlechthin! Sein prächtiges, silbernes Schuppenkleid besitzt einige verstreute Flecken. Er kann bei einer Länge von 1 m das respektable Gewicht von 10 kg erreichen. ***Die Zahnbrasse*** **(Dentex dentex)** *wandert vor allem entlang felsiger Steilhänge, wo sie kleine Fische oder Kopffüßer jagt. Auf Korsika ist die Zahnbrasse noch gut vertreten, wo einige Experten regelmäßig Fänge erzielen. Die Küsten der Insel, vor allem die im Westen gelegenen, bieten einzigartige Biotope für diesen Raubfisch, der besonders zerklüftete, felsige Gründe liebt.*

Methodisches Erkunden in drei Tiefen

Man beangelt die Untiefen in verschiedenen Tie
1 - an der höchsten Stelle
2 - in mittlerer Tiefe
3 - am Grund, immer dicht über den felsigen Untiefen A und B

Der lebende Köderfisch

Diese sehr wirksame, z.B. auf Korsika weit verbreitete Technik ermöglicht die methodische Erkundung aller von der Zahnbrasse besiedelter, felsiger Untiefen. Als Köder eignen sich eine Meeräsche, ein Goldstriemen oder eine ungefähr 15 cm lange Meerbrasse. Man fährt sehr langsam die günstigen Standplätze ab und läßt den Köder möglichst lange an einer bestimmten Stelle treiben.

Die Montage

Auf der Hauptschnur mit 0,50 mm Stärke ist eine Gleitpose befestigt, die so eingestellt sein muß, daß der lebende Fisch unmittelbar über dem Grund oder auf mittlerer Höhe vor einem Steilhang schwebt. Als Beschwerung dient ein 50 g schweres Olivenblei, das von einem den Wirbelknoten schützenden Spaltblei arretiert wird. Das starke Gebiß des Fisches (worauf sein Name zurückzuführen ist) erfordert ein Stahlvorfach mit 15–20 kg Tragkraft, das mit einem Haken Gr. 2 bestückt ist. Manche Experten verwenden einen Doppel- oder Drillingshaken.

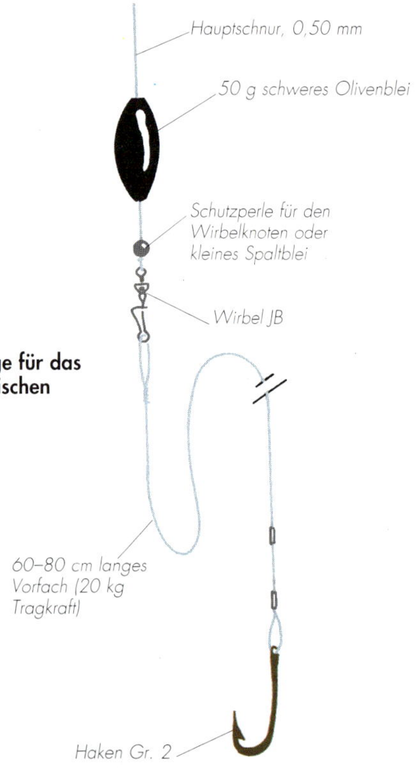

Montage für das Grundfischen

Das Spinn- und Schleppangeln

Hierbei verwendet man tief absinkende Wobbler (10–15 m). Wenn die Zahnbrassen sich der Wasseroberfläche nähern, kann man sein Glück mit der Spinnrute versuchen, indem man dicht über den Felsspalten erkundet. Das Schleppfischen bleibt indes die sicherste Methode, um eine schöne Zahnbrasse zu fangen, da diese Technik sich viel besser zum langsamen und methodischen Erkunden der von dem Raubfisch besiedelten Sektoren eignet. Auch hier sollte man beim Ausbleiben eines Bisses unterschiedliche Tiefen erkunden.

Die Kunstköder

Für das langsame Schleppfischen an Untiefen sind tief absinkende Rapala Magnum sehr wirksam. Man kann auch große Löffel des Typs Flashmer verwenden.

Ein tief absinkender Rapala für den Fang von Meeresraubfischen. ▼

Montage für das Schleppfischen von Zahnbrassen. ▶

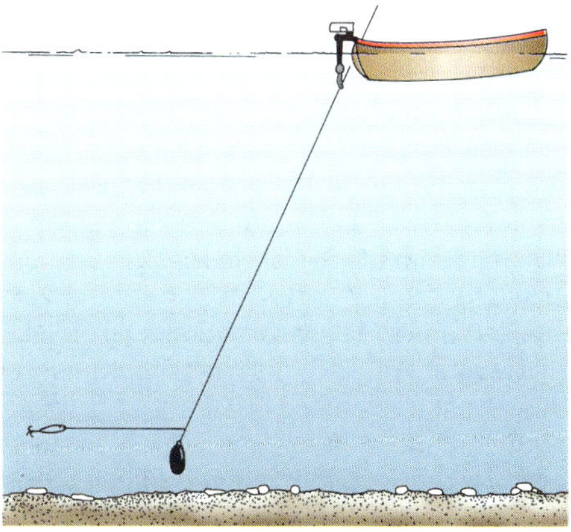

Die Rotbrasse

Ohne den am vorderen Ende der Seitenlinie, unmittelbar hinter dem Kiemendeckel gelegenen gut sichtbaren schwarzen Fleck wäre dieser Fisch leicht mit einer Sackbrasse zu verwechseln. ***Die Rotbrasse*** **(Pagellus bogaraveo)** *besitzt ein wunderschönes, zartrosa Schuppenkleid und wiegt durchschnittlich 2–3 kg. Sie kommt an ganz bestimmten, meist zur offenen See hin gelegenen Sektoren nahe felsiger Untiefen vor. Diese Standplätze kennen oft nur Experten, die sie wie ein Geheimnis hüten. Die als Speisefisch sehr geschätzte Rotbrasse wird vor allem mit der Technik des Grundfischens vom Boot aus in 15–30 m Tiefe gefangen. Auf Korsika und an der ganzen Mittelmeerküste gilt die Rotbrasse als ein fürstlicher Fang. Nicht nur ihr Fleisch schmeckt vorzüglich, auch ihr Fang ist manchmal eine echte Herausforderung. Erfahrene Experten, die regelmäßig schöne Exemplare fangen, genießen daher die Hochschätzung all ihrer Kollegen. Die Hauptschwierigkeit des Fangs liegt darin, Unterstände zu erkunden, wo dieser Fisch sich tagsüber aufhält, da er in der Regel eher in der Nacht aktiv wird.*

Das Grundangeln vom Boot

Dies ist die beste Technik, um Rotbrassen zu fangen, vorausgesetzt, das Boot ankert über ihren Standplätzen. Die Kenntnis der Standplätze bedarf einer langen Erfahrung. Diese Plätze sind in den meisten Fällen ähnlich beschaffen: eine von Felsen umgebene Sandgumpe, aber manchmal auch ein mit Algen besetzter Grund mit vielen Meerwürmern. Die Rotbrasse kann selten von der Küste aus gefangen werden, daher sollte man eher mit dem Boot auf das offene Meer hinausfahren.

Die Montage

Die sehr einfache Montage zur Erkundung von hindernisreichen Gründen besteht aus einem 30 g schweren Oliven- oder Birnenblei, das über eine Sollbruchstelle mit einer Gleithülse verbunden ist. An dem mindestens 1 m langen Vorfach der Stärke 0,24 mm ist ein Haken Gr. 4 befestigt.

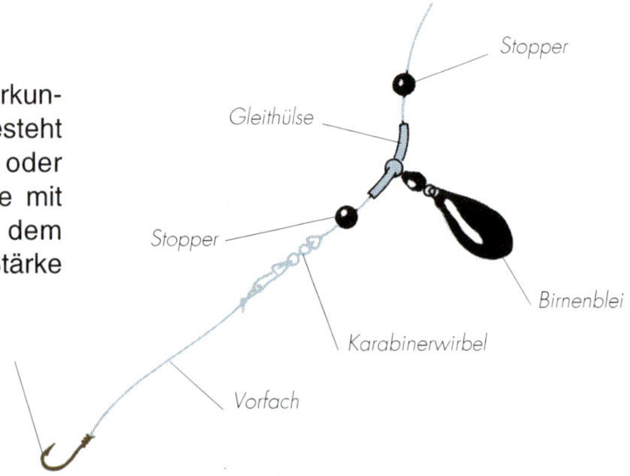

Montage mit Gleithülse

Das Gerät

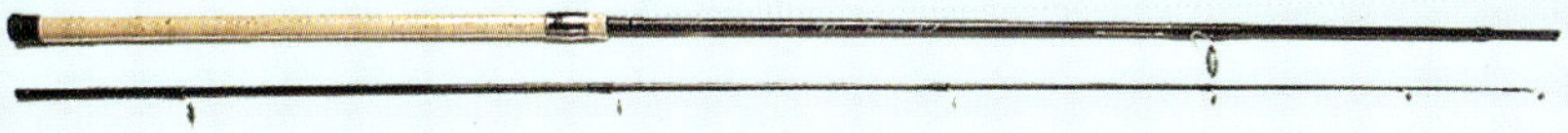

Es genügt eine einfache Spinnrute, vorausgesetzt, sie besitzt eine ausreichend hohe Tragkraft (mindestens 30–40 g) und ist für die von Felsen begrenzten Angelstellen nicht zu lang. Die Rolle wird mit 150–200 m einer 0,28 mm starken Schnur aufgefüllt.

Die Köder

Würmer (Seeringelwürmer), Muschelfleisch oder noch besser ein Einsiedlerkrebs ohne Gehäuse sind ausgezeichnete Köder. Sollten diese nicht verfügbar sein, kann man auch einen fetthaltigen Fischfetzen (einer Sardine oder Makrele) verwenden.

Der Einsiedlerkrebs schlüpft gerne in leere Muschelgehäuse. ▶

Die Angelpraxis

Die hier erforderliche sehr subtile Technik läßt den Köder vor dem Boot auf die vermuteten Standplätze der Fische absinken. Sollten keine Fische anbeißen, wirft man großflächig von allen Seiten des Bootes aus, um die Rotbrassen zu lokalisieren. Es handelt sich auf keinen Fall um eine statische Fangtechnik: Der Köder muß am Grund ständig durch Schnurzüge, Schnurgeben und Zitterbewegungen auf der Stelle angeboten werden. Zusätzlich sollte er in vertikaler Richtung, ähnlich wie bei der Technik des Hebens und Senkens, geführt werden. Sollten die Unterstände schwer zu orten sein oder verstreut liegen, kann man das Boot langsam treiben lassen und auf diese Weise einen größeren Sektor erkunden, bis die Fische lokalisiert sind. Die Rotbrasse beißt in einer sehr charakteristischen Weise mit einem zweifachen Klopfen an, worauf sofort angehauen werden muß

▼ *Eine am Golf von Sagone auf Korsika gefangene, prächtige Rotbrasse mit zart rosanem Schuppenkleid.*

Der Hornhecht

***Der Hornhecht* (Belone belone)** *besitzt einen fast schlangenförmigen Körper mit bläulich schimmernden Flanken. Diese stromlinienförmige Gestalt wird durch die zum Maul hin spitz zulaufende, einem regelrechten Schnabel ähnelnde Nase zusätzlich betont. Das Maul ist mit kleinen, spitzen Zähnen besetzt. Der Hornhecht jagt in kleinen Rudeln nach kleinen Schwärmen von Fischchen, von denen er sich ernährt. Die besondere Körperform erleichtert ihr seine oft rasanten Verfolgungsjagden. Man kann den Hornhecht den ganzen Sommer über entweder vom Boot aus oder an der Küste befischen.*

Das Spinnangeln

Der Hornhecht, ein aktiver Raubfisch, eignet sich besonders für das Spinnfischen mit einer Vielzahl von Kunstködern. Gleich nach dem Anhieb vollführt er eine ganze Reihe von Kapriolen, gefolgt von seitlichen Ausschlägen, die unweigerlich an den Drill eines Segelfisches oder Marlins erinnern. Die Verfolgungsjagden unter der Wasseroberfläche wirbeln das Wasser auf und sind von der überstürzten Flucht seiner bevorzugten kleinen Beutefische, beispielsweise der Sprotten, gekennzeichnet. Obgleich der Hornhecht an der Oberfläche auf Jagd geht, scheint er sich in Tiefen von mindestens 5 m wohl zu fühlen. Man findet ihn oft in der Nähe von langen Felsvorsprüngen, aber auch entlang von Hafenbefestigungen.

▲ *Der Hornhecht ist ein wahrer Akrobat*

Die Löffel

Wegen der geringen Angeltiefe sind leichte Löffel zu bevorzugen. Man kann, wenn die Fische nicht an der Oberfläche auf Beutejagd sind, eine zusätzliche Beschwerung (ein Schleppblei) anbringen. Es eignen sich alle glänzenden Löffel mit länglichem Blatt.

Die Weichplastikköder

Die wirkungsvollsten Weichplastiköder, wie ein Raglou, ein Aal aus Gummi, ja sogar ein Vitala imitieren Beutefische, von denen sich der Hornhecht gewöhnlich ernährt. Für in mittleren Wassertiefen patrouillierende Fische ist ein am Bleikopf angebrachter Twister vorteilhaft.

Ein kleiner Gummiaal löst die Angriffslust des Hornhechtes aus. ▶

Das Federsystem

Mit glänzendem Tinsel verzierte Federn sind für den Hornhecht unwiderstehlich, genauso wie ein am Schnurende befestigter Löffel in einem Umkreis von mehreren Metern die Fische anzieht.

Das Federsystem für den Fang von Hornhechten. ▼

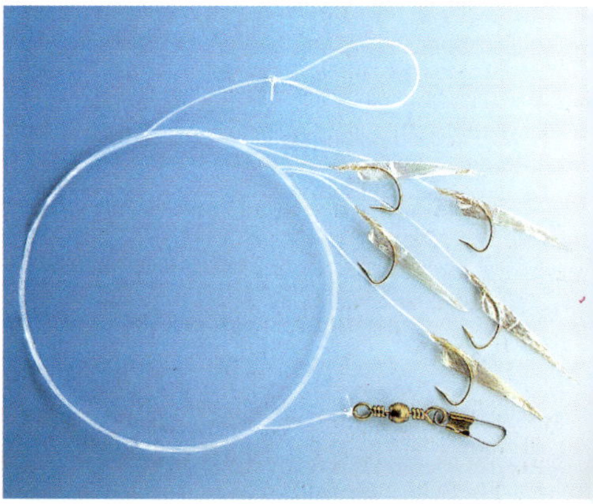

DAS FLIEGENFISCHEN

Wer ein klein wenig vom Nervenkitzel der Angler auf kleine Tarpons in den tropischen Gewässern erleben möchte, sollte unbedingt die Fliegentechnik anwenden, wenn die Hornhechte unweit von der Küste auf Jagd sind. Der Hornhecht wird mit Sicherheit einige Meter der Füllschnur abrollen, wenn man »sportlich« genug ist, um mit einer dünnen Montage zu angeln!

Die Fliegenmuster

Die typische Fliege für den Hornhecht ist sehr farbig, vorwiegend bläulich bis violett schattiert und mit einem Haken Gr. 4 versehen. Man kann auch ein auf einem Haken Gr. 2 gebundenes Muster nehmen, das, mit etwas Tinsel verziert, das Schuppenkleid eines kleines Fisches imitiert.

DIE NATÜRLICHEN KÖDER

Wie alle Raubfische kann der Hornhecht durch zahlreiche tote oder lebende Köder angelockt werden. Die wirksamsten sind die Seeringelwürmer, die zwar eine große Lockwirkung besitzen, aber sehr fragil sind und daher nur selten mehrmals geworfen werden können. Ausgezeichnete Fischköder sind auch lebende Sprotten oder Fischfetzen von Sprotten sowie glänzende Makrelenstreifen von den Flanken. Sie sollten unbedingt unter dem Haken hängen, dessen Spitze zweimal, mindestens 3 cm tief in den Köder eingestochen wird.

Die klassische Montage

Die klassische Montage besteht aus einer spitz zulaufenden Pose mit gut sichtbarer oder am besten fluoreszierender Antenne, die so eingestellt ist, daß für unter der Oberfläche (ungefähr 0,5–1 m) patrouillierende Fische der Köder auch genau dort treibt. Als Gewicht dient ein an einen Karabinerwirbel stoßendes Olivenblei. Das 80 cm lange Vorfach der Stärke 0,26 mm (für Puristen dünner) ist mit einem spitzen Haken Gr. 6 versehen.

Montage für das Matchfischen

Der Aufbau ist mit dem der klassischen Montage identisch. Man verwendet einen mit verteilten Bleigewichten beschwerten Waggler.

Die elastische und leistungsfähige Matchrute erlaubt auch geringere Schnurgrößen bis zu 0,18 oder 0,20 mm, so daß man den Drill intensiver erleben kann.

Man sollte den kleinmäuligen Hornhecht 5–10 Sekunden beißen lassen, bevor angehauen wird.

Die Wasserkugel

Mit einer Spinnrute oder einer ausreichend schweren Rute mit Wasserkugel kann man jagende Hornhechte in Entfernungen erkunden, die mit dem zuvor beschriebenen Gerät nicht erreichbar sind. Die Stationärrolle ist mit 200 m einer 0,26 mm starken Schnur aufgefüllt. Die Wasserkugel ist über einen Karabinerwirbel mit dem 0,8–1 m langen Vorfach verknüpft, das einen Haken Gr. 4–6 trägt.

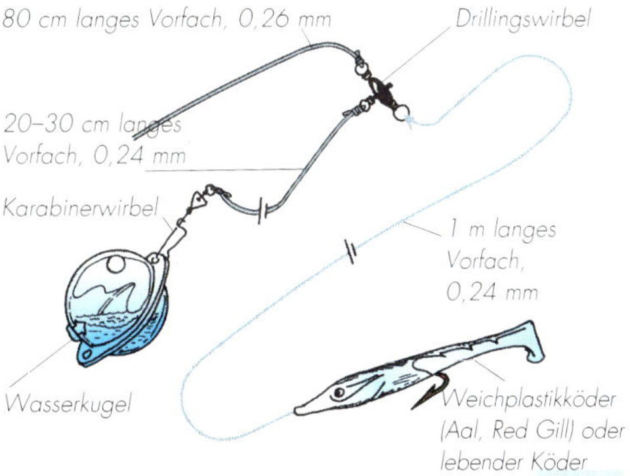

Die Ährenfische

*Die 10–15 cm langen **Ährenfische (Atherina boyeri, Atherina presbyter)** werden vor allem von Liebhabern gebackener Fische geschätzt, die diese in der Nähe von Hafenbefestigungen fangen. Mit ihren silbrig schimmernden Flanken ähneln sie ein wenig den Plötzen. Beide Fische treten in großen Schwärmen auf, so daß man gute Aussichten hat, mit einem gefüllten Korb nach Hause zu kehren!*
Das Befischen der Ährenfische ist eine Lieblingsbeschäftigung ganz junger Angler, die ihre Reflexe an diesen sehr flink beißenden Fischen üben können. Es sind weder kompliziertes Gerät noch weite Expeditionen nötig. Es genügt eine kleine Stipprute, um die in den Häfen sehr zahlreich vorhandenen Ährenfische zu fangen.

Das Stippangeln

Es ähnelt ein wenig dem Fang von Weißfischen. Man sollte daher eine kurze (2–4 m) Rute verwenden, mit der man, wenn erforderlich, sofort anhauen kann. Außerdem sollte man ausreichend anfüttern, um die von den Ährenfischen sehr geschätzten Futterwolken zu bilden.

Die Montage

Experten dieser Technik bevorzugen eine 0,80 mm starke Hauptschnur mit einer kleinen Pose mit Kiel. Am Vorfach der Stärke 0,65 mm ist ein dünner Haken Gr. 20 befestigt. Die Beschwerung besteht aus einem winzigen Olivenblei oder eng aneinander liegenden Bleien, die verteilten Gewichten vorzuziehen sind, um den Köder rasch in die gewünschte Tiefe bringen zu können.

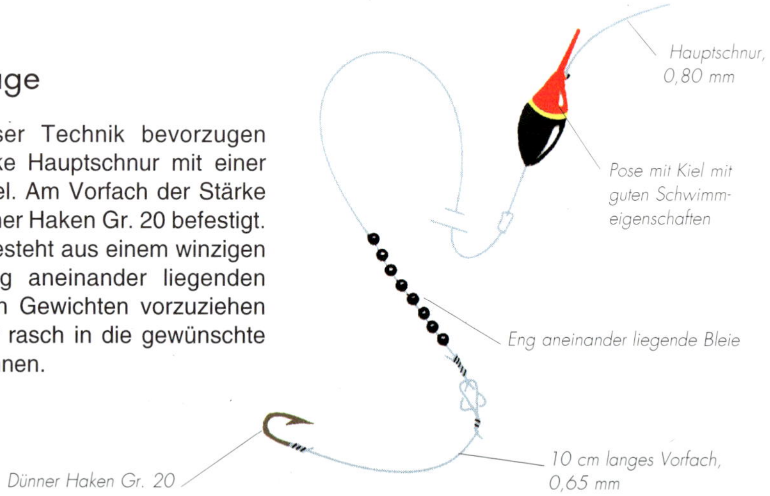

Die Köder und das Anfüttern

Man nimmt kleine Würfel aus fetthaltigen Fischstücken, Fleisch von Weichtieren oder eine Made. Zum Anfüttern nimmt man zermahlenes Sardinen- oder Makrelenfleisch, das mit Brotkrumen und Erdnußmehl vermischt wird und ausreichend feucht sein muß, damit es beim Auftreffen auf die Wasseroberfläche zerplatzt.

Die Angelpraxis

Sobald die Fische an der Angelstelle versammelt sind, geht man ähnlich wie beim Befischen der Plötzen vor. Allerdings erfordert der flink erfolgende Biß einen sofortigen Anhieb.

Das Senknetz

Die an der Atlantik- und Mittelmeerküste weit verbreitete Verwendung des Senknetzes ist eine mehr originelle denn sportliche Methode. Es handelt sich um ein einfaches, flach auf den Grund abgesetztes Netz, das von einem Bogengerüst gehalten wird.

Die Montage

Man kann ein kleines, tragbares, 1 m^2 großes Netz mit 8 mm großen Laschen verwenden. Diese einfache Methode ist sehr wirksam und leicht ausführbar. Eine 3 m lange Stange, an der eine dünne Schnur befestigt ist, dient zum Hochheben des Netzes. Die Schnurlänge richtet sich nach der zu erkundenden Tiefe, aber auch nach der Höhe des Standortes des Anglers, von dem aus das Netz ins Wasser eingetaucht wird. Letzterer kann sehr hoch gelegen sein, wenn man zum Beispiel von einem Pier aus fischt.

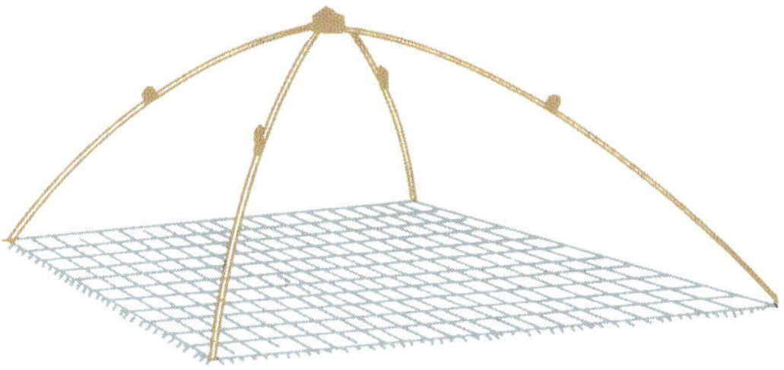

▲ *Ein ca. 1 m^2 großes Senknetz.*

Es gibt auch große, stationäre Hebevorrichtungen, regelrechte Pontons, von denen aus große Netze mit einem starken Hebelarm ins Wasser gesenkt werden.

Die Angelpraxis

Das viereckige Netz muß flach in einer Tiefe von 1,50–2 m abgesetzt werden. Ein Eintauchen in größere Tiefen ist sinnlos, da man das Netz danach nicht schnell genug anheben kann und die Fische flüchten können. Füttern Sie in der Mitte des Netzes mit zermahlenen, fetthaltigen Fischen (Sardinen, Makrelen) an, die Sie vorher mit Sand und Lehm vermischt haben. Dann beginnt das Warten. Die Ankunft der Fischschwärme kündigt sich durch das im Halbdunkel der Tiefe wahrnehmbare Schimmern der Schuppen an. Sobald Sie die Gewißheit haben, daß sich ein dichter Schwarm von Ahrenfischen über dem Netz befindet, heben Sic das Netz rasch an, und der Fang ist eingebracht. Wiederholen Sie den Vorgang, bis Sie genügend Fische für die ersehnte Mahlzeit gefangen haben...

◄ *Große Netze der Berufsfischerei für den Fang von Ährenfischen.*

Die Seezunge

***Die Seezunge* (Solea vulgaris)** *ist ein vorzüglicher Speisefisch, der 50–60 cm lang werden kann. Wie der Steinbutt hat sie eine Vorliebe für feinkiesige oder sandige Gründe. Man findet sie daher besonders an weiten Sandstränden, wo sie sich bei stiller, glatter See zuweilen wenige Zentimeter unter der Wasseroberfläche in Ufernähe aufhält.*
In Marokko fingen Angler an einer Stelle Dutzende von Seezungen, die sich weniger als 1 m tief im Sand versteckt hatten. Freilich blies dabei der Schirokko, der trockene Wüstenwind, sehr stark und verwandelte die Meeresoberfläche in einen glatten Spiegel. Die Gourmets unter den Anglern stellen diesem Plattfisch aber auch unter anderen Bedingungen nach.

Das Brandungsangeln

Die Seezunge, die weite, von den Wellen umspülte Sandstrände liebt, wird vorrangig mit der Technik des Brandungsangelns gefangen. Leider werden diese großen Fische immer seltener, dennoch kann man sich am Frühlingsende und zu Herbstbeginn einige Fänge erhoffen, wenn sie sich der Küste nähern.

Die Köder

Die Seezunge besitzt ein winziges Maul, weswegen man ihr eine kleine Beute anbieten muß. Würmer wie Seeringelwürmer sind ideale Köder.

Flache Küsten und weite Strände bieten sich ganz besonders für den Fang von Seezungen an. ▶

Die Montagen

Für das Brandungsangeln ist eine dünne Montage ratsam. Sie besteht aus einer 0,35 mm starken Hauptschnur mit zwei oder drei Seitenärmen der Stärke 0,30 mm, die mit Haken Gr. 4–6 bestückt sind. Als Beschwerung dient ein Uhrblei.

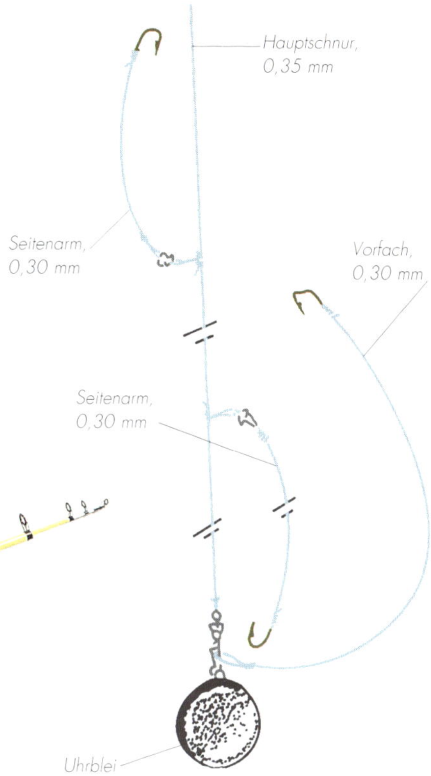

DAS GERÄT UND DIE ANGELPRAXIS

Eine leichte Teleskoprute ist ideal für das Brandungsangeln von Seezungen. Der Fisch beißt sehr unauffällig, so daß man oft einholen muß, und sei es nur, um zu überprüfen, ob nicht Krabben den Köder losgerissen haben.

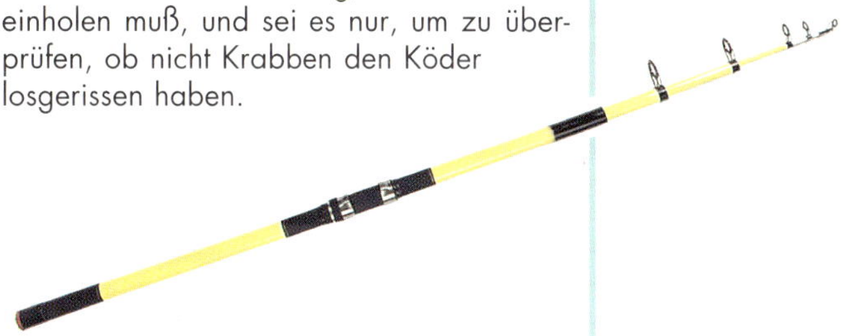

BEFISCHEN DER KLIESCHE

Die Klieschen kommen ebenfalls an Sandküsten vor, sind jedoch weniger anspruchsvoll als Seezungen oder Steinbutte, da sie beispielsweise auch im Schlick anzutreffen sind. Sie nehmen in der Gastronomie einen geringeren Stellenwert ein und werden daher kaum befischt. Man fängt sie häufig auf der Suche nach der Seezunge.

Schleppmontage

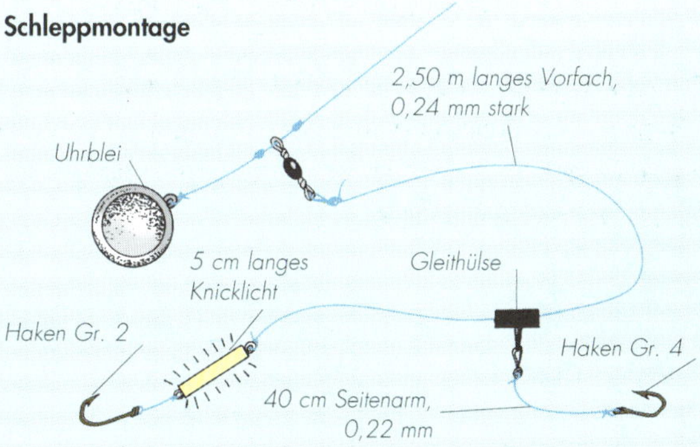

Die Kliesche kann sich wunderbar im Sand verstecken. ▼

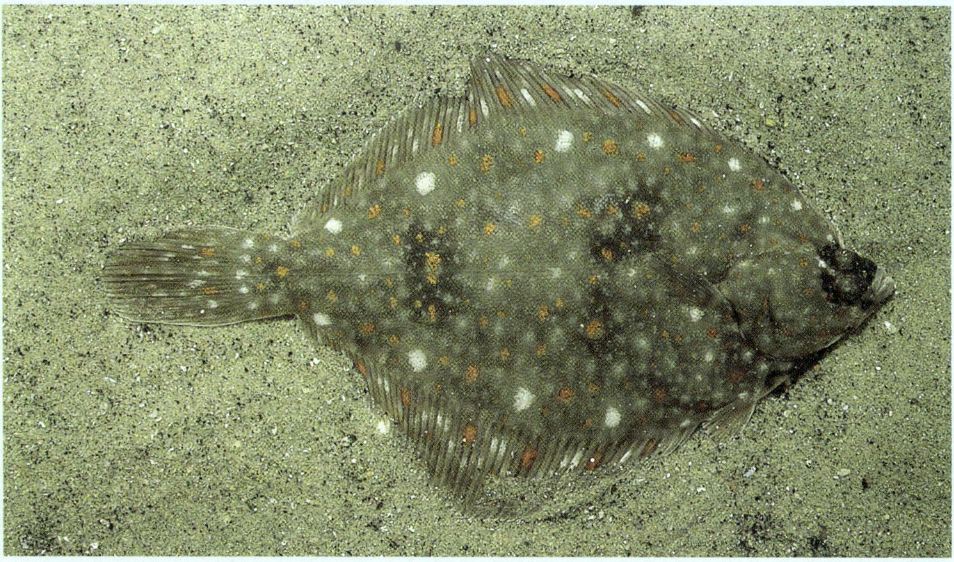

Der Steinbutt

***Der Steinbutt* (Psetta maxima)**, *ein vorzüglicher Speisefisch, kann über 20 kg schwer werden. Der nahezu zylindrische Rumpf ist von einem prächtigen, goldgelben Schuppenkleid überzogen, das ihm von zahlreichen Flecken durchsetzt eine perfekte Tarnung in seiner sandig-kiesigen Umgebung bietet. Seine beiden Augen sitzen an der linken Kopfseite. Der von seiner Tarnung profitierende Raubfisch stellt hauptsächlich anderen Fischen nach. Er läßt sich vom Ufer aus oder mit der Technik des Grundfischens vom Boot aus fangen. Man kann sich an manchen, weit auslaufenden, flachen Küstenabschnitten, wie an der Atlantikküste im Südwesten Frankreichs, einige schöne Fische erhoffen, wo der Steinbutt wie der Adlerfisch in parallel zur Küste verlaufenden Vertiefungen des Meerbettes auf Jagd geht. Der Steinbutt kommt außer an diesen feinsandigen Stränden auch bevorzugt in kleinen Buchten und Meerbusen mit ebenfalls sandigem Substrat vor.*

Das Brandungsangeln

Das Brandungsangeln ist die beste Technik, um den Steinbutt an Sandstränden zu orten. Der Fisch nähert sich allerdings nur dann der Küste, wenn das Meer glatt ist. An der von der Brandung umspülten Atlantikküste, im Südwesten Frankreichs beispielsweise, hält sich der Steinbutt in Versenkungen hinter der gischtfreien Brandungszone auf. Er beißt eher während der Ebbe an.

Die Montagen

Es eignen sich die klassischen Montagen für das Brandungsfischen, die mit Stern-, Uhr-, Birnen- oder auch Krallenbleien beschwert sind. Weitere Bestandteile sind zwei 60 cm lange Seitenarme mit jeweils einem Haken Gr. 1, die auch widerspenstige Fische zum Biß verleiten.

Die Köder

Die besten Köder für diesen gefräßigen Raubfisch sind ganze Fische oder Fischfetzen. Einige Angler schwören auf die Sardine, andere auf Hornhechtfilets.

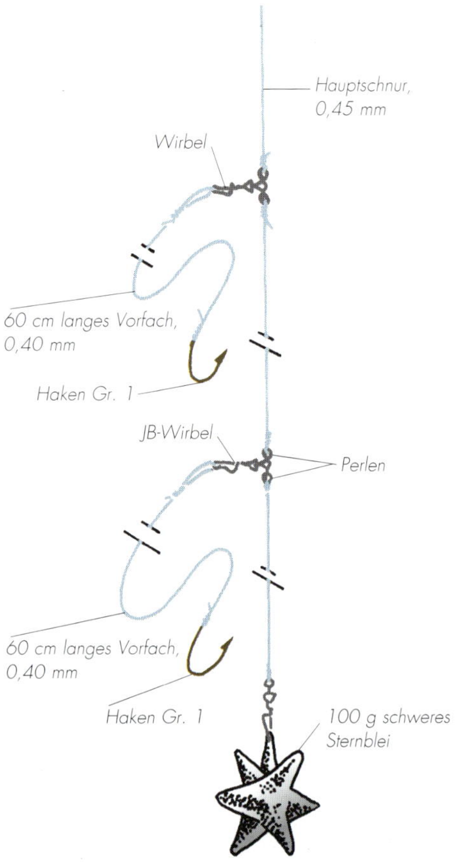

Der Heilbutt

***Der Heilbutt* (Hippoglossus Hippoglossus)** *ist unbestritten der prächtigste Plattfisch. Die größten, in Ländern wie Alaska regelmäßig gefangenen Fische können bis zu 300 kg wiegen. Auch in den Gewässern Grönlands und Norwegens tummeln sich sagenhaft große Exemplare dieser Fischart. Im Unterschied zu den meisten Mitgliedern der Familie der Plattfische besitzt der Heilbutt einen ziemlich langgezogenen Körper – eine Anpassung an seine Lebensform als großer Raubfisch. Der in Alaska vorkommende Heilbutt gehört einer besonderen Variante dieser Fischart, dem Pazifischen Heilbutt, an.*

DAS GRUNDANGELN VOM BOOT AUS

Es ist die einzige geeignete Technik, um diesen vor allem am Grund lebenden Fisch zu fangen. Sein Fang in 100 m Tiefe kann ausschließlich vom Boot aus erfolgen. Das Befischen des Heilbutts bietet keinen großen sportlichen Reiz, abgesehen davon, daß man kräftig kurbeln muß, um den riesigen Fisch vom Grund hochzuziehen!

Die Montage

Die klassische Montage besteht aus einem speziellen Schleppblei, das mehr einer Bocciakugel als einem Angelgewicht ähnelt! Ein 1 m langes 0,80 mm starkes Vorfach, das an einem stabilen Wirbel befestigt und mit einem Haken Gr. 4 bestückt ist, komplettiert das Gerät. Viele Experten dieser Technik benutzen Stahlvorfächer.

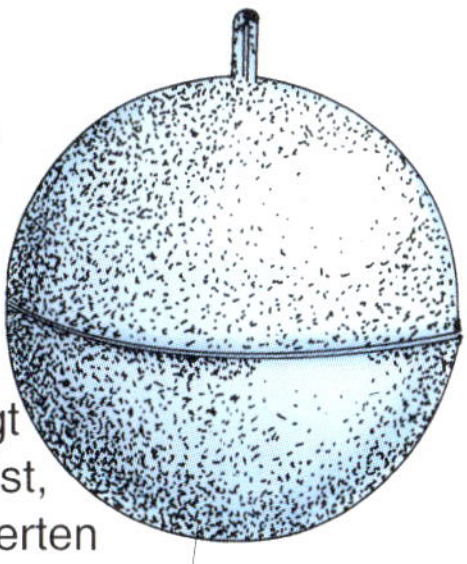

1 kg Blei

Die Köder

Als Köder dient ein sehr frischer, ungefähr 20 cm langer, Fisch, z. B. eine Meeräsche.

DIE ANGELPRAXIS

Der in 100–150 m unter dem Boot erfolgende Biß kündigt sich durch leichte Zuckungen der Rutenspitze und einer sich verstärkenden Krümmung der Rute an. Schlagen Sie in einem solchen Fall mit einer weit ausfahrenden Bewegung kräftig an, und beginnen Sie mit der recht mühseligen Prozedur, den Fisch hochzuziehen. Vorsicht, oft löst er sich nahe der Oberfläche vom Haken – nach vielen anstrengenden Minuten, die letztlich umsonst waren!

Auf der Suche nach Schalen- und Weichtieren

Ein schöner Zeitvertreib im Sommerurlaub ist das Wandern entlang von Küstenstreifen, die von der Ebbe freigegeben wurden. Außerdem bietet sich damit eine originelle Möglichkeit, die ungeahnten Reichtümer der Meeresküste zu entdecken und die Freude am Sammeln mit der des Gaumens zu verbinden! Köstliche Meeresfrüchte wie Krabben, Krebse und Muscheln erwarten die Spaziergänger.

Die Schalentiere

Schalentiere findet man vor allem in Senken, Lachen oder unter Felsen, aber auch an weiten Sandstränden in Ufernähe.

Die Krabbe

Die Krabbe *(Crangon crangon)* kommt von April bis Oktober an Sandstränden flacher Küsten, vor allem des Ärmelkanals und der Nordsee, vor. Sie findet sich bei Ebbe auch manchmal in isolierten Wasserlachen. Man verwendet verschiedene Gerätschaften für ihren Fang. Für den Anfänger ist sicherlich das Schiebnetz am besten geeignet. Es handelt sich um ein über einen Holzbogen gespanntes Netz, der von einer dünnen Leiste getragen wird. Die günstigste Zeit für den Krabbenfang ist während der Nipptide bei sehr stillem Meer. Man beginnt eineinhalb Stunden vor dem Einsetzen der Ebbe, das Netz vor sich her durch den Sand zu schieben, in der Regel parallel zur Küste. Vorsicht ist bei Petermännchen geboten! Diese kleinen Fische graben sich im Sand ein, und ein Tritt auf ihren Giftstachel ist sehr schmerzhaft. Man sollte sich mit Plastiksandalen vor ihnen schützen.

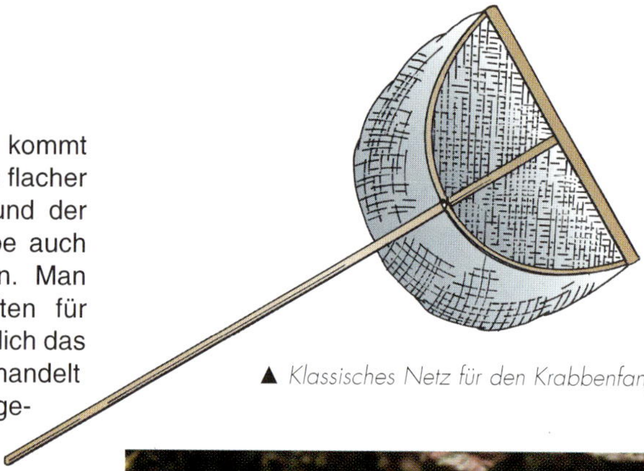

▲ *Klassisches Netz für den Krabbenfang.*

▲ *Die Krabbe kommt von Mai bis Juli an die Küsten und ist an sandigen, in der Nähe von Flußmündungen gelegenen Gründen zu finden, jedoch nicht im Schlamm.*

Die Garnele

Sie ist mit 10 cm länger als die Krabbe und erhält ihre rosa Farbe nur beim Braten! Im Unterschied zur Krabbe kommt sie niemals an Sandstränden vor, sondern eher in Zonen mit Blattang, in Wasserlachen auf Felsen, unter denen sie sich gerne von Frühling bis Herbst versteckt. Die Garnele *(Leander serratus)* wird

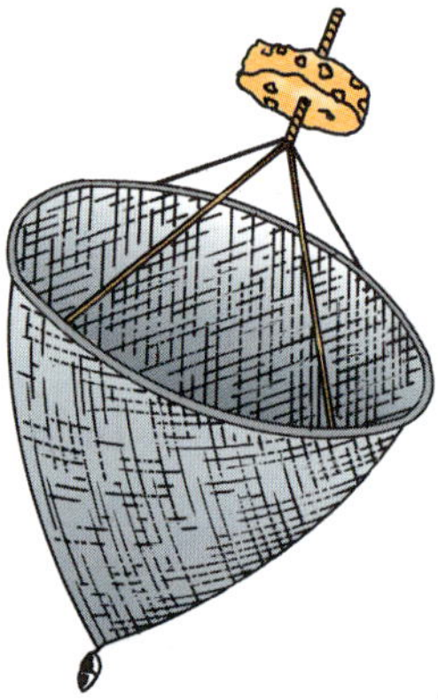

Klassisches Netz für den Garnelenfang. ▶

vor allem mit einem Kescher gefangen. Dieser besteht aus einem kleinen, ovalen Netz, das an einem stabilen, verzinkten Drahtgestell befestigt ist. Dieses Drahtgestell wiederum schiebt man unter Algen und zwischen Felsspalten.

Man kann die Garnele auch mit dem Krebskorb oder dem Senknetz fangen.

Im Unterschied zur Krabbe kommt die Garnele hauptsächlich an felsigen Gründen vor. ▶

DIE GEFAHREN EINES SPAZIERGANGS ENTLANG DER KÜSTE

Als erstes sollten Sie sich unbedingt einen Tidenkalender besorgen, bevor Sie die von der Ebbe frei gegebenen Strandabschnitte abwandern. Achten Sie immer darauf, daß Sie nicht von der Flut eingekreist oder auf einer Felsinsel vom Festland abgeschnitten werden. Sollten Sie unglücklicherweise in eine solche Situation geraten, entledigen Sie sich am besten der ganzen Ausrüstung, bevor Sie versuchen, ans Ufer zu schwimmen. Während der großen Tiden in der Tagundnachtgleiche im Herbst kann plötzlich starker Nebel aufkommen, so daß man jegliche Orientierung verliert. Ein Kompaß ermöglicht in diesen Fällen die sichere Rückkehr zur Küste. Andere Gefahren sind mögliche Vergiftungen, wenn man an verschmutzten Gewässern in Hafengebieten oder Abschnitten mit Abwasserkanälen nach Schalentieren sucht. Sie dürfen niemals barfuß unterwegs sein. Muschelschalen können tiefe Schnittwunden verursachen, zudem ist der Stich des Petermannes, eines kleinen, im Sand lebenden Fisches mit giftigem Rückenstachel, sehr schmerzhaft.

Der Strandkrebs

Der als Suppenfleisch sehr geschätzte Strandkrebs *(Carcinus maenas)* wird mit einem Haken gefangen, indem man zwischen Felsspalten und unter Blattang erkundet. Er kann aber auch mit einem mit Fischen gefüllten Krebskorb angelockt werden. Sein Fang ist für Kinder ein bevorzugter Zeitvertreib, da es ihn in großer Zahl gibt.

Der Strandkrebs dient vor allem der Suppenzubereitung. ▶

Die Schwimmkrabbe

Die Schwimmkrabbe (*Portunius puber*) zeichnet sich durch ihr vorzügliches Fleisch aus. Sie ist auch eine der aggressivsten Krabben, die schmerzhafte Verletzungen zufügen kann, wenn man sie nicht hinter den sehr spitzen Zangen faßt. Die Schwimmkrabbe lebt in von Blattang

Die Schwimmkrabbe gehört zu den agilsten und flinkesten Krabben und entgeht so oft geschickt dem Wanderer entlang der Küste. Ihre scharfkantigen Zangen erfordern entsprechende Vorsicht beim Fang! ▶

überwucherten Felsmeeren in ziemlich tiefen Gewässern. Man findet sie daher meist nur bei starken Fluten am Frühlingsende und am Herbstanfang (die Fluten während der Tagundnachtgleiche sind die besten!). Die Schwimmkrabbe wird gefangen, indem man die Steine und den Tang mit einem Haken hochhebt. Man muß daraufhin die Krabbe schnell fassen, denn dieses sehr flinke Schalentier nimmt sofort Reißaus, um sich in einer Felsspalte zu verkriechen, die ihm eine für den Angler unzugängliche Zuflucht bietet.

Der Taschenkrebs

Der Taschenkrebs *(Cancer pagurus)* ist ein ruhiges, sich in den Sandboden eingrabendes Krustentier. Die bis zu 5 kg schweren, größten Exemplare kommen meist nur in größeren Wassertiefen zwischen Felsen vor, die auch bei Ebbe ständig unter Wasser stehen. Man hat dennoch Aussichten, einige davon bei sehr niedrigem Tidestand zu fangen. Der Taschenkrebs hält sich an felsigen Küsten in Zonen mit Blattang auf, wo er sich gerne in Gesteinsspalten versteckt. Die typischen Sandlöcher der Taschenkrebse findet man meist anhand der vor ihrem Eingang gelegenen, kleinen Sandhaufen. Einige von den Taschenkrebsen bevorzugten Unterschlüpfe werden nach jedem Fang neu besetzt. Der Taschenkrebs wird mit einem in Gesteinsspalten und -risse eingeführten Haken gefangen, den man zu sich hin zieht. Er ist oft schwer zu fassen, denn er leistet heftigen Widerstand und stemmt sich hartnäckig gegen die Felswände.

▲ *Der Taschenkrebs hat sich mittlerweile rar gemacht an unseren Küsten – er gilt als Indikator für sauberes und klares Wasser.*

DIE SCHNECKEN UND BAUCHFÜSSER

Die meisten Bauchfüßer leben auf felsigem Untergrund, wo man sie bei Ebbe mit der Hand oder mit speziellem Gerät suchen kann.

Die Strandschnecke

Die Strandschnecke *(Littorina littorea)* findet man bei Ebbe und zur Zeit der Nipptide auf Felsen. Dieses Weichtier kommt an mit Tang bedeckten Felsen und Gesteinsspalten vor, wo man es leicht auflesen kann.

◄ *Größere Exemplare der Strandschnecke eignen sich hervorragend für einen Salat oder als Beilage zu einem Apéretif. Die Schnecken sind wie der Taschenkrebs auf sauberes Wasser angewiesen.*

Die Wellhornschnecke

Die Wellhornschnecke *(Buccinum undatum)* ähnelt mit ihrem 10 cm hohen Gehäuse einer riesigen Strandschnecke. Sie kommt in tiefem Wasser vor, wo sie steinige und von Wasserpflanzen bewachsene Korridore besiedelt und diese nach ihrer spärlichen Kost absucht, die aus Kadavern besteht. Man trifft sie bei starker Flut bis zur einsetzenden Ebbe an. Sie wird mit einem Krebskorb gefangen, der mit Filets von zergliederten Fischen gefüllt ist, die als Köder dienen.

▲ *Die Wellhornschnecke ist ein Aasfresser.*

Das Seeohr

Das Seeohr *(Haliotis tuberculata)* ist wegen seines schmackhaften Fleisches ein sehr begehrtes Weichtier. Man erkennt es leicht an seiner einem Ohr ähnelnden Gestalt. Es besitzt sechs oder sieben perlmutterartig schimmernde Öffnungen. Das vom Aussterben bedrohte Seeohr kann nur bei starker Flut gefangen werden und kommt unter Felsen vor, an denen es außergewöhnlich fest haftet, so daß zu seiner Entfernung ein Haken erforderlich ist.

Das Biotop des Seeohrs und damit die Schnecke selbst sind wegen Überfischung stark bedroht. ▶

DIE MUSCHELN

Im Unterschied zu den Schnecken kommen Muscheln vorwiegend an sandigen Gründen wie Stränden vor.

Die Meerscheide

▲ *Diese kuriose Muschel ist ein beliebter Angelköder, der nach altem Brauch mit Meersalz gefangen wird.*

Dieses Weichtier dient vor allem als Angelköder. Es kommt während der Springfluten an der Überflutungsgrenze der Strände vor, wo es senkrecht bis zu einer Tiefe von 50 cm im Sand steckt. Man findet es anhand zweier, dicht beieinander liegenden Löcher im Sand oder einer Vertiefung in Form einer Acht, auch Schlüsseloch genannt. Die Meerscheide wird nach altem Brauch mit Meersalz gefangen, das man in diese trichterförmigen Vertiefungen schüttet, worauf die zweischalige Muschel an der Oberfläche erscheint. Man kann sie auch mit einer an einem Ende umgeknickten Fahrradspeiche fangen, die als Haken dient und senkrecht in eines der Sandlöcher geschoben wird.

Die Herzmuschel

Die an sandigen Gründen weit verbreiteten Herzmuscheln findet man selbst bei kleinen Fluten. Sie graben sich an Stellen mit weniger starker Brandung in großer Zahl bis 2 oder 3 cm in den Sandstrand ein. Die Herzmuschel *(Cardium edule)* verrät sich durch kleine Sandhaufen oder zwei kleine, 1 cm voneinander entfernte Löcher im Sand, die der Sauerstoffzufuhr dienen. Man sucht sie mit einem flachen Rechen.

▼ *Die Herzmuschel kommt an schlickigen Sandgründen vor, wo man sie mit einem Rechen oder einem Spaten sucht.*

Teppich- und Sandklaffmuschel

Diese zwei köstlich schmeckenden Muscheln kommen an schlickigen Sandgründen vor, wo man sie bei mittlerer Flut finden kann. Ihr Vorhandensein wird wie bei der Herzmuschel durch zwei kleine Sandlöcher im Abstand von 1–2 cm signalisiert. Die flüchtende Sandklaffmuschel erzeugt häufig einen kleinen Wasserstrahl. Die Teppichmuschel *(Venerupsis decussata)* und die Sandklaffmuschel *(Venus verrucosa)* werden mit einer zweizinkigen Gabel, einer Gartenharke oder einer Kinderschaufel gefangen.

Die von Gastronomen sehr geschätzte Sandklaffmuschel kann mit einem einfachen Suppenlöffel gefangen werden, wenn ihre in den Sand gegrabenen Luftlöcher sichtbar sind. ▶

Die Miesmuschel

Die auf Felsen anzutreffende Miesmuschel *(Mytilus edulis)* kommt an allen Brandungszonen mit reichlich maritimen Ablagerungen vor. Man darf nur die großen Muscheln sammeln, um die wilden Arten nicht zu schädigen. Die Eier der Muschellarven müssen nämlich erhalten bleiben, denn sie alleine sichern das Überleben der Weichtierart. Die größten Muscheln findet man während der Springflut auf steinigem Schelf an der Überflutungsgrenze. Man darf niemals Muscheln in verschmutzten Gewässern sammeln.

Es gibt zwei Arten: die Bretonische Miesmuschel (Mytilus edulis) *und die Mittelmeermuschel* (Mytilus galloprovincialis)*, welche auch an einigen Stellen am Atlantik gefunden werden kann. Die Monate Mai bis August sind die beste Zeit, um sie zu sammeln.* ▶

Die Bunte Kammermuschel

Diese Muschel ähnelt einer kleinen Jakobsmuschel und ist selten länger als 5–6 cm. Einer der beiden Seitenflügel ist deutlich stärker entwickelt als der andere. Die Bunte Kammermuschel (*Chlamys varia*) kommt zwischen Wasserpflanzen an von Tang bedeckten Felsen vor. Sie verrät sich manchmal durch einen senkrecht in die Höhe abgegebenen Wasserstrahl, wenn man auf sie tritt. Sie haftet wie die Miesmuschel an den Felsen. Sie wird auf die gleiche Weise wie die Jakobsmuschel zubereitet.

◀ *Man findet die Bunte Kammermuschel während der Springflut zwischen Gesteinsspalten.*

VERHALTENSREGELN FÜR DEN FANG VON MEERESTIEREN

Erstens sollte man niemals mehr sammeln, als für den persönlichen Bedarf nötig ist. Zweitens soll man die natürliche Umgebung in dem Zustand zurücklassen, in dem man sie vorgefunden hat. Hebt man bei der Erkundung Felsblöcke hoch, müssen sie exakt an ihre ursprüngliche Stelle zurückgelegt werden. Vielen Pflanzen- und Tierarten dienen diese Felsen als Unterschlupf, und sie gehen zugrunde, sobald sie der Sonneneinstrahlung ausgesetzt sind. Es gibt gesetzlich festgelegte Mindestgrößen zum Fang der verschiedenen Muschel- und Schneckenarten, die unbedingt einzuhalten sind. Die Vorgaben variieren in den einzelnen europäischen Ländern teilweise erheblich! Erkundigen Sie sich bitte im Zweifel vor Ort.

• Weichtiere
– Herzmuschel: 3 cm
– Jakobsmuschel: 10 cm
– Auster: 5 cm
– Portugiesische Auster: 6 cm
– Miesmuschel: 4 cm
– Seeohr: 8 cm
– Teppichmuschel: 5 cm
– Venusmuschel: 3 cm

• Schalentiere
– Krabbe: 3 cm
– Hummer: 33 cm
– Languste: 23 cm
– Taschenkrebs: 7 cm

• Fische
– Aal: 27 cm
– Meeraal: 38 cm
– Heilbutt: 25 cm
– Seezunge: 21–24 cm
– Steinbutt: 30 cm
– andere Fische: 12 cm

Register

9,90

Bildnachweis

Alle Fotos von **LOSANGE** mit folgenden Ausnahmen:

Anagnostidis/NATURE: 66 o, 97 m; **Berthoule/NATURE:** 12 o, 17 o, 22 o, 34 mo, 53 m, 80 or, 86 or, 87 o, 101 u; **Chaumeton/NATURE:** 7 u, 8 o, 8 u, 11 o, 11 u, 12 m, 25 o, 26 o, 29 o, 33 mm (2 Fotos), 34 o, 37 o, 37 m, 39 u, 40 o, 46 o, 48 o, 52 o, 52 m, 53 o, 54 m, 65 o, 65 u, 75 m, 76 o, 80 ol, 85 o, 88 o, 91 o, 95 o, 98 u, 99 u, 102 o, 103 o, 104 o, 106 o, 106 u, 110 o, 113 m, 119 o, 122–123 o, 136 o, 139 o, 140 u, 148 o, 150 o, 151 u, 154 m, 155 o, 155 m, 155 u, 156 o, 156 m, 156 u, 157 o, 157 m, 157 ul, 157 ur, 158 o, 158 u; **Chaumeton-Hellio/NATURE:** 133 o; **Corel Corporation:** 4 o, 4 mo, 4 mu, 4 ul, 64 o, 100 mo; **Cortay:** 62 m, 63 ur, 75 u; **Courdot:** 30 o, 31 o, 32 m; **D.A.M. France:** 14 o, 15 u, 25 ml, 44 mr, 47 u, 54 or, 71 u, 76 u, 77 o, 87 m, 96 ml, 96 mr, 108 mo, 110 ul, 115 m, 126 o, 127 ol, 127 or, 129 ur, 134 ul, 137 u, 146 ur; **Dupraz:** 4 mmr, 6–7, 10 o, 13 u, 96 o, 105 o, 112–113, 124 u, 125 o, 131 u, 135 o, 144 o, 145 u; **Durantel:** 4 mml, 4 ur, 4–5, 17 u, 19 o, 19 m, 20 o, 22 u, 23 ol, 24 o, 24 u, 25 u, 28 o, 29 u, 33 o, 33 u, 38–39, 40 u, 41 o, 41 mr, 41 ul, 41 ur, 43 u, 45 o, 45 m, 47 o, 48 m, 49 m, 50 mu, 51 u, 54 ol, 55u, 56 o, 57 m, 58 u, 59 u, 72 o, 74–75, 79 o, 81 mo, 81 mu (2 Fotos), 83 u, 84 o, 84 u, 86 ol, 88 m, 89 ul, 92 o, 98 mo, 107 u, 110 ur, 111 ur, 113 u, 120 or, 121 u, 126 mr, 137 o, 146 o, 146 m, 149 u, 153 o; **Fiom/IFREMER (La Rochelle):** 128 o; **Grebot:** 35 ur, 36 o; **Grospas/NATURE:** 107 m; **Lanceau/NATURE:** 12 u, 97 o, 98 o, 98 mu, 100 o, 100 mu, 105 m, 130 o, 140 o, 142–143 o; **Lemaître:** 82 u, 93 u; **NATURE:**109 o; **Prevot/NATURE:** 11 m, 81 o, 81 u, 91 u, 97 u, 101 o, 107 o; **Sauer/NATURE:** 60 o, 111 ul, 121 m.

Die Zahlen verweisen auf die Seiten, die Abkürzungen geben die Position der Abbildung auf der Seite wieder: o = oben; u = unten; m = Mitte; l = links; r = rechts.